地质勘查与岩石矿物分析

张代云　黎红波　孙聪伍　主编

汕頭大學出版社

图书在版编目（CIP）数据

地质勘查与岩石矿物分析 / 张代云，黎红波，孙聪
伍主编. -- 汕头：汕头大学出版社，2024. 12.

ISBN 978-7-5658-5508-5

Ⅰ. P624；P585

中国国家版本馆CIP数据核字第2025RT7871号

地质勘查与岩石矿物分析
DIZHI KANCHA YU YANSHI KUANGWU FENXI

主　　编：张代云　黎红波　孙聪伍

责任编辑：郑舜钦

责任技编：黄东生

封面设计：刘梦杏

出版发行：汕头大学出版社

　　　　　广东省汕头市大学路 243 号汕头大学校园内　　邮政编码：515063

电　　话：0754-82904613

印　　刷：廊坊市海涛印刷有限公司

开　　本：710mm×1000mm　1/16

印　　张：11.5

字　　数：195 千字

版　　次：2024 年 12 月第 1 版

印　　次：2025 年 2 月第 1 次印刷

定　　价：68.00 元

ISBN 978-7-5658-5508-5

编委会

地质勘查是指根据经济社会发展的需要，采取相应的工作手段，对地球表层特定区域内的岩石、构造、能源与矿产资源、地下水、地貌、地质环境、地质灾害等地质情况进行针对性的调查研究工作，是人类科学认识地球、利用地球、保护地球与管理地球的重要手段。地质工作是经济社会发展中具有先行性、基础性、公益性和战略性的重要工作，服务于经济社会的各个方面。我国广大地质工作者紧紧围绕经济社会发展大局，不畏艰险、甘于奉献，在基础地质、地质找矿、地质科研等领域为经济社会发展做出了重要贡献。随着经济社会的迅速发展，如今的地质工作发生了诸多变化。我国地质条件复杂，构造活动频繁，滑坡、崩塌、泥石流、地面沉降、地面塌陷、地裂缝等地质灾害隐患多、分布广，且隐蔽性、突发性和破坏性强，防范难度大。特别是近年来受极端天气、地震、工程建设等因素影响，地质灾害多发、频发，给生产建设和人民群众生命财产造成严重损失。地质灾害与环境发展息息相关，地质灾害也对环境产生不利影响。因此，加强地质勘查工作已是当务之急。

岩石矿物分析是分析化学在应用上的一个分支学科。它以岩石、矿物为研究对象，任务是确定岩石、矿物的化学组成及有关组分在不同赋存状态下的含量。自19世纪中叶偏光显微镜应用于矿物和岩石的研究以来，矿物学、岩石学及相关学科都取得了长足的进步与发展。特别是近年来电子探针分析、电子显微镜分析、X射线衍射分析、X射线荧光分析等分析手段的应用，使矿物岩石结构及成分的精准分析成为可能，为矿物岩石学及相关学科提供了越来越丰富的信息。即便如此，矿物岩石的裸眼鉴别与"薄片"的显微镜实验等常规分析实验方法，依然是生产和科研中最基本、最便捷、最广泛应用的方法，尤其是在矿物几何形态与共生组合规律、岩石结构与构造等研究方面，是其他方法所无法取代的，更是地质技术从业人员和研究工作者必须具备的基本知识和基本技能之一。

　　本书主要介绍了矿产勘查、地质找矿与岩石矿物分析等内容。不仅阐述了矿产勘查技术方法，并在此基础上对金属矿产勘查、找矿预测及靶区优选进行了论述，探究了岩石矿物样品采集方法与试样制备、矿石的矿物组成定量分析、贵金属元素分析等。本书旨在提高地质勘查与岩石矿物分析能力，是地质勘查常备的参考书。

　　由于笔者的学识水平所限，书中难免存在疏漏与不妥，敬请各位专家、读者批评指正。

第一章 矿产勘查技术方法 ………………………………………………… 1
　第一节 矿产勘查技术方法种类与作用 ………………………… 1
　第二节 影响勘查技术方法选择的因素 ………………………… 8
　第三节 矿产勘查技术方法 ……………………………………… 11
第二章 金属矿产勘查 …………………………………………………… 24
　第一节 金属矿产勘查阶段 ……………………………………… 24
　第二节 金属矿产地质勘查工作的总体部署 …………………… 47
　第三节 金属矿产勘查取样及分析测试 ………………………… 56
　第四节 金属矿产资源量／储量的分类系统 …………………… 62
第三章 找矿预测及靶区优选 …………………………………………… 69
　第一节 国内外找矿预测现状 …………………………………… 69
　第二节 找矿预测流程 …………………………………………… 72
　第三节 矿床成矿（亚）系列找矿预测要素模型 ……………… 74
　第四节 找矿远景区及靶区 ……………………………………… 80
　第五节 重点找矿靶区勘查成果 ………………………………… 97
第四章 岩石矿物样品采集方法与试样制备 …………………………… 101
　第一节 采集样品的基本要求 …………………………………… 101
　第二节 矿床采样 ………………………………………………… 107
　第三节 选矿厂采样 ……………………………………………… 112
　第四节 试样的制备 ……………………………………………… 118
第五章 矿石的矿物组成定量分析 ……………………………………… 127
　第一节 矿石化学成分分析 ……………………………………… 127
　第二节 分离矿物定量法 ………………………………………… 129
　第三节 显微镜下矿物定量的测定方法 ………………………… 136
　第四节 化学分析矿物定量法 …………………………………… 139
　第五节 仪器定量分析 …………………………………………… 141

第六章　贵金属元素分析 ⋯⋯⋯⋯⋯⋯⋯⋯⋯ 145

　　第一节　贵金属分析方法的选择 ⋯⋯⋯⋯⋯⋯⋯⋯ 145

　　第二节　金矿石中金含量的测定 ⋯⋯⋯⋯⋯⋯⋯⋯ 156

　　第三节　矿石中银含量的测定 ⋯⋯⋯⋯⋯⋯⋯⋯⋯ 165

　　第四节　矿石中钯和铂的含量测定 ⋯⋯⋯⋯⋯⋯⋯ 169

参考文献 ⋯⋯⋯⋯⋯⋯⋯⋯⋯⋯⋯⋯⋯⋯⋯ 173

第一章 矿产勘查技术方法

第一节 矿产勘查技术方法种类与作用

矿产勘查技术方法据其原理可划分为地质测量法、地球化学方法、地球物理方法、遥感遥测法、探矿工程法等。

一、地质测量法

地质测量是根据地质观察研究，将区域或矿区的各种地质现象客观地反映到相应的平面图或剖面图上。它具有以下特点：

（1）地质测量法是一种通过直接观察获取地质现象的方法，具有极大的直观性和可信性。对所获得的地质现象进行系统分析和综合整理，对区域及矿区的成矿地质环境进行论述，因此具有很强的综合性。

（2）地质测量成果是合理选择应用其他技术方法的基础，也是其他技术方法成果推断解释的基础。因此，它是各种技术方法中最基本、最基础的方法。

（3）从矿产勘查技术方法研究的对象和内容来看，地质测量法既研究成矿地质条件，也研究成矿标志，而其他技术方法主要是研究成矿标志和矿化信息。

（4）地质测量往往可以直接发现矿产地，因此它具有直接找矿的特点。

在矿产勘查的不同阶段、不同地区均应进行地质测量。所采用的比例尺分为小比例尺（1∶100万~1∶50万）、中比例尺（1∶25万~1∶5万）和大比例尺（1∶1万或更大）三种类型。各种类型的研究精度和内容有较大差异。

二、地球化学找矿方法

地球化学找矿方法（又称地球化学探矿法，简称化探）是以地球化学和矿床学为理论基础，以地球化学分散晕（流）为主要研究对象，通过调查有关元素在地壳中的分布、分散及集中的规律达到发现矿床或矿体的目的。地球化学测量是通过系统的样品采集来捕捉找矿信息的。由于采样的介质不同，所形成的元素晕也不同：以岩石为采样对象，可形成原生晕；以土壤为采样对象，可形成次生晕；以河流底部沉积物为采样对象，可形成分散流；以气体为采样对象，可形成气晕；以植物为采样对象，可形成生物化学晕；等等。采样对象的确定，取决于矿产勘查的目的任务、工作区的地质条件，以及工作区的地形地貌气候等自然景观条件。

地球化学找矿法于 20 世纪 30 年代在苏联首先使用，后传到美洲等地。地球化学找矿法可找寻的矿产涉及金属、非金属、油气等众多的矿种及不同的矿床类型。地球化学方法本身也从单一的土壤测量发展为分散流、岩石地球化学测量、水化学、气体测量等。方法的应用途径也从单一的地面发展到空中、地下、水中等。

三、地球物理找矿方法

地球物理找矿方法又称地球物理探矿方法（简称物探），是通过研究地球物理场或某些物理现象，如地磁场、地电场、重力场等，以推测、确定欲调查的地质体的物性特征及其与周围地质体之间的物性差异（即物探异常），进而推断调查对象的地质属性，结合地质资料分析，实现发现矿床（体）的目的。

（一）物探的特点

（1）必须实行两个转化才能完成找矿任务。首先将地质问题转化成地球物理探矿的问题，才能用物探方法去观测。在观测取得数据之后（所得异常），只能推断具有某种或某几种物理性质的地质体，然后通过综合研究，并根据地质体与物理现象间存在的特定关系，把物探的结果转化为地质的语言和图示，从而去推断矿产的埋藏情况以及与成矿有关的地质问题，最后通过探矿工作的验证，肯定其地质效果。

（2）物探异常具有多解性。产生物探异常现象的原因往往是多种多样的。这是由于不同的地质体可以有相同的物理场，故造成物探异常推断的多解性。如磁铁矿、磁黄铁矿、超基性岩，都可引起磁异常。所以，在工作中采用单一的物探方法，往往不易得到较肯定的地质结论。一般情况应合理地综合运用几种物探方法，并与地质研究紧密结合，才能得到较为肯定的结论。

（3）每种物探方法都有严格的应用条件和适用范围。因为矿床地质、地球物理特征及自然地理条件因地而异，影响物探方法的有效性。

（二）物探工作的前提

在确定物探任务时，除地质研究的需要外，还必须具备物探工作前提，才能达到预期的目的。物探工作的前提主要有下列几方面。

1. 物性差异

被调查研究的地质体与周围地质体之间，要有某种物理性质上的差异。

2. 规模与深度

被调查的地质体要具有一定的规模和合适的深度，用现有的技术方法能发现它所引起的异常。若规模很小、埋藏又深的矿体，则不能发现其异常。有时虽地质体埋藏较深，但规模很大，也可能发现异常。故而，找矿效果应根据具体情况而定。

3. 能区分异常

从各种干扰因素的异常中，区分所调查的地质体的异常。如铬铁矿和纯橄榄岩都可引起重力异常，蛇纹石化等岩性变化也可引起异常。能否从干扰异常中找出矿异常，是方法应用的重要条件之一。

物探方法的适用面非常广泛，几乎可应用于所有的金属、非金属、煤、油气、地下水等矿产资源的勘查工作中。与其他找矿方法相比，物探方法的一大特长是能有效、经济地寻找隐伏矿体和盲矿体，追索矿体的地下延伸，圈定矿体的空间位置，等等。在大多数情况下，物探方法并不能直接进行找矿，仅能提供间接的成矿信息供勘查人员分析和参考，但在某些特殊的情况下，如在地质研究程度较高的地区用磁法寻找磁铁矿床，用放射性测量找寻放射性矿床时，可以作为直接的找矿手段进行此类矿产的勘查工作，甚至进行储量估算。

当前找矿对象主要为地下隐伏矿床及盲矿体，因此物探方法的应用日益受到人们的重视，这也促使物探方法本身迅速发展。根据地质体的物性特征发展了众多具体的物探方法。物探的实施途径也从单一的地面物探发展到航空物探、地下（井中）物探及水中物探等。

四、遥感找矿法

遥感找矿法是指通过遥感的途径对工作区的控矿因素、找矿标志及矿床的成矿规律进行研究，从中提取矿化信息而实现找矿目的的一种技术手段。遥感找矿是一种高度综合性的找矿方法，必须与地质学原理和野外地质工作紧密结合，才能获得可靠的结论。

遥感找矿的技术路线是以成矿理论为指导，以遥感物理为基础，通过遥感图像处理、解译以及遥感信息地面成矿模式的研究，同时配合野外地质调查及验证和室内样品分析，以保证遥感找矿的有效性。

遥感找矿具有视域开阔、经济快速、易于正确认识地质体全貌，对地下及深部成矿地质特征具有一定的"透视"能力的特点，并能多层次（地表、地下）、多方面（地质、矿产）获取成矿信息。

遥感找矿法是现代高新技术在矿产勘查领域内应用的直接体现：从地质体物理信息的获取、数据处理和判译，直到最后形成各种专门性的成果性图件，整个过程涉及现代光学、电学、航天技术、计算机技术和地学领域内的最新科技成果。因此，与传统的找矿方法相比，遥感找矿法具有明显的优势和发展前景。

但需要强调的是，迄今为止，遥感方法并不是一种直接的找矿方法，其获取的信息多是间接的矿化信息；在矿产勘查工作中，必须与其他找矿方法相配合，才能最终发现欲找寻的矿产。

遥感方法在矿产勘查工作中的具体应用主要有以下三方面。

（一）进行地质填图

遥感地质填图可以通过两个途径来实现：一是利用高精度摄影机或电视传真机直接填制遥感图像；二是利用扫描器或传感器获取信息，并经专门的技术处理成图。

通过遥感填图可以较准确地了解各类地质体的宏观特征，校正地面勾绘时因野外观察路线之间人眼可视范围的局限性而造成地质界线推断的错误，并为常规地质填图提供重要的成矿地质信息；此外，应用雷达波束在常规地质填图难以实现的冰雪覆盖的高山区和沙漠地区填绘基岩地质图，利用红外技术填制不同种类的岩石分布的专门性图件，尤其是随着遥感配套技术的不断改进和提高，从不同的高度(航天、航空)、不同的方面(地质、物探、化探)进行多层次全信息的立体地质填图。

(二)研究区域控矿构造格架，总结成矿规律

遥感解译使用的卫星图片覆盖的范围大且概括性强，为宏观地研究区域控矿构造格架、总结成矿规律提供了有利的条件。

半遥感图像对于环形、线形构造及隐伏构造的判译尤为简捷准确。环形构造在遥感影像上常表现为圆形、椭圆形色环、色像等，结合地质特征分析可反映不同类型的成矿信息。

通过对研究区环形、线形构造的充分判译，可以较好掌握本地区内的控矿构造格架和矿床分布规律。如赣南西华山—杨眉寺地区，通过遥感图像解译发现，区内的构造主要为一系列的线形及环形构造，并有规律地控制了区内与成矿有关的岩体及矿床的分布。

(三)编制成矿预测图，确定找矿远景区

这是遥感技术应用于找矿的直接例证。应用遥感技术进行成矿预测的关键是建立遥感信息地质成矿模型，即根据遥感影像特征和成矿规律研究工作程度较高的地区的成矿地质特征，分析主要控矿因素和各种矿化标志，建立矿化信息数据库和遥感地质成矿模式，然后推广至工作程度较差的地区；通过类比，编制成矿预测图，圈定找矿靶区，指导矿产勘查工作。例如，美国科罗拉多州中部贵金属和贱金属试验区，应用卫星影像分析了线形构造和环形构造后，确定了10个找矿远景区，并按成矿条件的优劣分为3级，经地面资料证实，有5个与已知矿区相符。

五、工程技术方法

目前国内外对金属、非金属矿床勘查，大量采用的勘查工程技术手段仍然是坑探和钻探工程，其特点如下：

（1）探矿工程是一种主要的勘探技术手段，其最大的优点在于可以直接验证或观察矿体或地质现象，特别是坑道工程，人员可以进入地下，对矿体进行直接观察、编录和取样，而钻探除探测深度大外，仍可以通过岩心对矿体进行观察、描述和取样分析。无论是坑探还是钻探，都是一种直接的探矿方法，目前是其他各种方法所不能及的和代替的，因此在矿床勘查各阶段得到最广泛的应用。

（2）探矿工程特别是坑道工程，不但在矿床勘探时运用，同时这些坑道工程在矿床开采阶段也可运用。这就要求在设计坑探工程时要考虑到开采时尽可能被应用，这样可大大降低工程费用。

（3）钻探工程勘查深度大，施工速度快，消耗费用相对坑探工程要低得多，同时施工灵活，不但在地面可进行施工，在地下坑道中也可布置施工坑内钻。因此，钻探工程成为矿床勘查最常规的不可缺少的技术手段。

我们也应该看到，探矿工程还具有一些欠缺，需要不断改进。如机械设备笨重，给复杂地形条件下施工带来困难，成本较高，施工技术要求高，周期长。

目前，探矿工程主要可分为两大类，即坑探工程和钻探工程。坑探工程又分为：①地表坑探工程（剥土、槽探、浅井），又称轻型山地工程；②地下坑探工程（穿脉、沿脉、斜井等），又称重型山地工程（包括钻探）。

（一）坑探工程

在岩土中挖掘坑道以便勘查揭露矿体或者进行其他地质勘查工作，这些坑探工程以其使用的条件和作用可以分为如下主要类型。

1.探槽

探槽是从地表挖掘的一种槽形坑道，其横断面为倒梯形。探槽深度一般不超过 3～5m，探槽断面规格为 1m×（1.2～7）m，视浮土性质及探槽深度而定，利于工作，保证安全。探槽应垂直矿体走向或平均走向来布置。探槽有两种，即主干探槽和辅助探槽。主干探槽应布置在工作区主要的剖面上或有代表性的地段，以研究地层、岩性、矿化规律、揭露矿体等。而辅助探槽是在主干探槽之间加密的一系列短槽，用于揭露矿体或地质界线，可平行主干探槽，也可不平行。所有探槽均适用于浮土厚度不超过 3 米的情况，且当地下水位较低时，即便覆盖层厚度达到 5 米，探槽同样可以使用。

2. 浅井

浅井是由地表垂直向下掘进的一种深度和断面均较小的坑道工程。浅井深度一般不超过 20m，断面形状可为正方形、矩形或圆形，断面面积为 1.2～2.2m²。浅井的布置视矿体规模产状来进行。当矿体产状较陡时，可在浅井下拉石门或穿脉；当矿体产状较缓时，浅井应布置在矿体上盘。浅井主要用于揭露松散层掩盖下的矿体，深度一般不超过 20m。对某些矿床，如风化矿床，浅井是主要的勘探手段。对于大体积取样的金刚石砂矿或水晶砂矿，只能用浅井来勘探。

3. 坑道

坑道主要用于揭露地下一定深度范围内的矿体或地质体，由于成本高，施工困难，因此多用于矿床勘探阶段，在使用时应考虑矿床开采时的需要。其类型有如下 7 种：①平硐（PD）。它是从地表向矿体内部掘进的水平坑道，断面形状为梯形和拱形。②石门（SM）。它是一种在地表无直接出口，且与含矿岩系走向相垂直的水平坑道。③沿脉（YM）。它是在矿体中沿走向掘进的地下水平坑道。④穿脉（CM）。它是垂直矿体走向并穿过矿体的地下水平坑道。⑤竖井（SJ）。它是直通地表且深处和断面都较大的、垂直向下掘进的坑道。⑥斜井（XJ）。它是在地表有直接出口的倾斜坑道。⑦暗井（AJ）。它是在地表设有直接出口的、垂直或倾斜的坑道。

（二）钻探工程

钻探工程是通过钻探机械向地下钻进钻孔，从中获取岩心、矿心，借以了解深部地质构造及矿体的赋存变化规律。其钻进深度，对于固体矿产为 100～1000m。钻探工程是主要的矿产勘查手段。

1. 浅钻

垂直钻进的浅型钻，其钻进深度在 100m 之内，用以勘查埋深较浅的矿体。在涌水量大、不适宜浅井勘探的情况下，浅钻常被用于矿点的检查以及物探、化探异常的验证工作。

2. 岩心钻

岩心钻是机械回转钻，备用一整套的机械设备，如钻塔、钻机、水泵、柴油机或电动机、钻杆及套管等。钻进深度为 300～1000m。岩心钻用于深度较大的矿体，可垂直钻进，也可倾斜钻进。在矿产勘查的不同阶段均可使用，较多地在详查及勘探阶段使用，在普查阶段可布置少量的普查验证钻孔。

第二节　影响勘查技术方法选择的因素

上一节介绍了几种常用的勘查技术方法，这几种方法的合理选用是确定矿产勘查技术方案的重要一步。合理地选择勘查技术方法，会减少损失、降低成本、提高效率和缩短工期。但确定使用何种技术方法，会受到一些因素的影响。

一、勘查阶段

各勘查阶段由于要求不同，所选用的勘查技术方法也不同。

(一)预查阶段

在综合分析前人资料的基础上，可以对矿化前景区进行物化探工作，对重点部位可以做少量的工程验证。

(二)普查阶段

由于工作范围大，可以进行中比例尺填图，对重点靶区可以进行大比例尺地质测量，还可以选择遥感、物化探、重砂测量、钻探工程极少量的槽坑探等。

(三)详查阶段

主要工作是对成矿有利地段和靶区的成矿地质条件和控矿因素进行详细研究，以及对矿床进行揭露、追索、圈定矿体，对矿体的各种指标进行评价。采取的主要方法有大比例尺地质测量、地面高精度的磁测、电法、井中物探、岩石地球化学测定、土壤地球化学测量、残坡积重砂测量、钻探工程、槽井探及少量的深部坑探。

（四）勘探阶段

因为研究的是矿体，需要计算储量，所以需要更精确的手段，如地面高精度物探、大比例尺地质测量、布置勘探网等。

二、地质条件和矿产特征

控矿地质因素对矿产的形成和分布在一定程度上具有密切相关性。查明成矿地质条件和控矿地质因素，具有间接指示找矿的作用。例如：对与成矿有关的岩体的探测，多选择地球物理测量的磁法及重力测量来确定隐伏岩体的特征；针对与热液成矿相关的矿产，常通过地球化学测量法检测元素异常来圈定矿体可能位置，并随后采用钻探工程进行验证。对于与大型构造成矿有关的矿产和成矿蚀变明显或岩浆岩成矿有关的矿产可采用遥感测量资料的解释，初步判定隐伏线性构造的展布、岩体的分布和蚀变的范围；对于较稳定的、易形成重砂的矿物可选用水系测量；等等。具体赋存矿体部位的勘查，可进行大比例尺地质测量及构造地球化学测量、物探测量勘查工程进行揭露和验证。

不同的矿种和不同的矿床类型，其成矿地质条件（即地质场）、地球物理场、地球化学场不尽相同，因此，选择的勘查方法也有所区别。例如：对于多金属硫化物矿床，由于导电性能较好、氧化带发育、元素的迁移扩散能力强，因此运用电法测量及地球化学的各种方法具有较好的找矿效果；对于铁矿床，由于具有一定的磁性，故选择磁法进行勘查会取得满意成果。

对于同一种矿产，由于其矿床的成因类型不同，在勘查方法的选择上也有所区别。例如：同是铁矿床，对沉积变质铁矿床、钒钛磁铁矿床、矽卡岩型铁矿主要采用地质测量法、磁法及重力测量方法；对沉积型铁矿，则主要运用地质测量法，进行详细地层剖面测制及岩相古地理研究。又如寻找金矿，对于内生金矿，其伴生矿物有金属硫化物，且成矿条件受构造岩浆作用及变质作用影响，因此应以地质测量法、地球化学测量法、地球物理测量的电法等进行勘查；对外生沉积砂金矿，则应以地质测量法及重砂测量法进行勘查。

一个地区或一个矿床，其勘查技术方法往往不是孤立进行的，而是多种方法的相互配合和综合应用，但最终都要进行工程揭露和控制。

三、自然地理条件

自然地理条件是指工作区的地形地貌、气候、水系发育程度、基岩的剥蚀发育程度、第四系覆盖层的发育程度等。这些条件在某些时候往往是影响勘查方法选择的主要因素。下面将有代表性的自然地理条件分区及勘查方法进行介绍。

(一) 高山区

高山区地形复杂，地势较高，切割强烈，基岩出露较广，水系发育，交通困难。该区适合的勘查方法主要为航空物探、航空化探、遥感地质测量、水系沉积物测量、重砂测量、地质测量法等。

(二) 高寒山区

高寒山区山势起伏较大，地形复杂，大部分常年冰冻，气候寒冷。高寒山区可选用航空物探、遥感地质测量、地质测量，配合水系沉积物测量、重砂测量及地面物探法。

(三) 林区

林区覆盖严重，通视差，基岩露头极少，覆盖层较厚，水系较发育，沼泽泥坑较多，交通困难。林区可选用遥感地质测量、航空物探（航磁、放射性）、航空化探、水系沉积物测量、生物地球化学测量、重砂测量、地质测量，必要时用探矿工程进行揭露。

(四) 大面积覆盖的平原区

大面积覆盖的平原区第四系覆盖面积大且厚，基岩露头很少见到，地势平坦，交通方便。可选用遥感地质测量技术来探寻隐伏地质构造，并结合物探方法、水化学及气体地球化学测量手段，辅以普查性钻孔，进行综合地质勘查。地质测量法效果不好。

(五) 潮湿区

潮湿区潮湿多雨，水系发育，风化作用强烈，有一定的覆盖层。潮湿区可选用地质测量法、水系沉积物测量、水化学及土壤地球化学测量、磁法、重力等物探方法。电法不宜采用。

(六) 亚热带农作物区

亚热带农作物区潮湿多雨，水系发育，覆盖层较厚，气候温暖。配合遥感资料解释进行地质填图、物探、水系沉积物测量、水化学测量、土壤地球化学测量。

(七) 干旱区

干旱区干燥少雨，温差大，风沙大，地形起伏不甚强烈，干谷发育，常断流，沙漠覆盖面广。配合遥感资料解释进行地质填图、航空及地面物探、气体地球化学测量等，还可以进行探矿工程揭露。

第三节　矿产勘查技术方法

一、地质填图法

地质填图法 (地质测量法) 是一项十分重要的地质研究工作，它是将区域或矿区的各种地质现象客观地反映到相应比例尺的平面图上。地质填图的精度取决于工作阶段的目的和任务，不仅可以直接为发现矿床和评价矿床服务，而且也是对其他找矿方法取得的成果进行正确解释的依据和基础。地质填图工作质量的好坏直接关系到矿产勘查工作的成效。

为了使地质填图的成果更准确可靠，在工作中无论是野外调查还是室内研究，往往都必须充分利用其他方法所取得的资料。所以，地质填图与其他找矿方法之间的关系是相辅相成的。

在矿产勘查工作中，地质填图工作的主要任务是：

(1) 查明工作区各种岩石 (包括岩浆岩、沉积岩、变质岩等) 的空间分布、

岩性岩相特征、成岩时代和它们的接触关系;

(2)研究工作区所处大地构造单元的位置,查明区内构造的类型、性质、产状和规模,研究它们的形成时代、成因联系和空间分布规律;

(3)基本查明区内矿床(点)和矿(铀)异常所赋存的地质环境及主要控矿因素,研究矿床(矿点)的矿化特征及其空间变化特征;

(4)分析和总结区内成矿地质条件、控矿因素和成矿规律,为成矿预测和进一步找矿提供依据。

在矿产勘查的不同阶段,均应进行地质填图。所采用的比例尺分为小比例尺(1:25万~1:5万)和大比例尺(1:1万或更大)两种类型。各种类型的研究精度和内容有较大差异。

(一)大比例尺地质填图(矿区地质填图)

在矿田、矿床或矿区处采用大比例尺,系统地进行地质观察和研究,并填制正规地形地质图的工作,称为矿区地质填图。这是在详查阶段和矿(铀)床勘查初期必须进行的一项基本地质工作。

大比例尺地质填图不仅是一项重要的基础地质工作,也是矿产勘查的一种重要手段。其成果为矿区地质图或矿床地形地质图。它是详细表示矿区地形地貌、地层、岩浆岩、构造、矿体、矿化带等基本地质特征及相互关系的图件,是进行储量计算、矿床正确评价和编制矿床开采设计的重要依据,也是编制其他地质图件的基础图件。

大比例尺地质填图(以下简称填图)的目的任务是:通过对矿区地质构造条件的研究,了解测区地质构造背景和成矿地质条件及区域成矿规律,扩大矿床(区)远景;全面而详细地研究矿床(区)地层、岩石构造特征;查明矿体分布形态、规模、产状、矿石品质、矿石类型及其空间分布;了解矿体与围岩的关系及围岩蚀变;等等。为选择综合找矿方法、揭露技术手段和探矿工程布置、储量计算提供依据。

为使编制的地表地质图更详细精确,矿体地段地表地质测量不但要依靠地表观察,还要依据钻孔和物化探提供的资料。

在地质填图过程中,对铀矿还应查明区内放射性特征、铀含量的分布及伴生元素种类等,充分研究、利用物化探资料,把与铀矿形成和分布有关的地质构造条件充分表现出来。

1. 编制矿区地质图的基本要求

（1）比例尺的选择。依据矿区的勘查程度及范围大小、地质复杂程度、矿体形态复杂程度等因素，确定矿区填图比例尺。

一般采用的比例尺是 1∶5000 ~ 1∶1000，必要时（圈矿和采矿的需要）可用 1∶5000。

地质填图所用地形底图的比例尺一般应比填图比例尺大一倍，无此条件时，则至少与填图比例尺相同。

影响选择比例尺的因素有：

①决定性因素是地质构造的复杂程度、矿体规模大小及形态复杂程度。地质构造条件矿体形态复杂，地质填图的比例尺也要相应增大。

②地质研究的任务与要求。矿床成因类型及矿区基岩出露情况等也是应该考虑的因素。研究详细程度越高，填图单位划分越细，地质填图的比例尺越大。内生矿床一般比外生矿床复杂，矿体规模小，所以一般内生矿床的填图比例尺比外生矿床的填图比例尺大。

（2）确定填图范围。1∶5000 ~ 1∶1000 填图范围，通常为矿区或矿段（局限于矿体和近矿围岩分布地段），探矿工程集中布置的地段，应位于填图范围的中部，应根据异常矿化的分布情况和矿产勘查工作的远景规划来确定。矿床地质填图的范围应以主矿带为中心，将分布于矿床内的所有异常、矿化点带及各种控矿因素包含在内，确定图廓边界的前提是全面反映控制矿床、矿体的地质构造条件，并包括所有探矿工程的测绘数据。当矿床范围较大时，地质填图可按工作远景规划分期分幅进行。如按某个岩体或矿化构造带的范围来确定，测区面积一般不超过几平方千米，甚至小于 1km²。图纸上的测区范围不一定要限制其左右界线平行经线、上下界线平行纬线而成矩形或正方形，而以便于表明整个矿床地段的地质结构为原则。

1∶25000 ~ 1∶10000 填图范围，一般在矿区外围有与已知矿床有地质联系的地质体及矿（化）点、找矿标志明显地段、各种找矿手段（包括地质、物化探、重砂等）发现或圈定的综合异常地段。

（3）观测点的数目和密度、地质路线和观察点的密度，视地质构造复杂程度和矿化情况而定。其点、线距一般在图上为 1cm 左右。在地质构造简单地区可适当放稀，在矿化有利地段则应适当加密。

（4）地表各种地质现象的详细程度

①为了详细查明地表地质构造及矿体地质特征，保证应有的详细程度，必须有足够的天然露头。若第四纪覆盖层分布广泛，天然露头不足，揭露工程较少时，地质现象的直接观测受到很大的限制。因此，选择有效的物、化探方法，布置系统的轻型山地工程或浅钻，用以揭示、追索松散层下岩层、岩体、矿体和断裂构造的分布，是保证地质图编测精度的一项重要措施。必要时，应圈出第四纪覆盖层的分布范围。

②地质图上地层时代、岩体侵入期次和岩性、构造及其产状等要详尽齐全。各种地质界线要清晰，地质体的相互关系要明确。

③对有工业价值的含矿地段，要进行全面深入的地表地质调查，要求查明所有出露于地表的矿体露头，确定矿体的边界和规模，研究矿体所赋存的地层、岩石、构造特点及它们在空间和成因上的联系，并做细致深入的观察和描述；并要求将上述内容按比例尺要求尽可能地反映在地质图上；对于薄矿体（层）、标志层及其他有特殊意义的地质现象必要时应扩大表示。

对放射性异常、矿化现象不仅要进行系统的地表揭露，而且要进行取样分析，查明铀的品位并圈定矿体。对地表工业矿化的分布范围要进行概略圈定。

④地质路线质量的检查工作量，应达到全部工作量的15%～20%。

⑤精度要求：所有观测点均应采用经纬仪测量定位。在图上的误差不超过1mm。

2. 矿区地质填图的一般程序

大比例尺地质图编测程序一般可分为踏勘、实测剖面研究、野外填图工作、室内整理和总结四个阶段。这里介绍中间两个阶段的主要工作。

（1）实测剖面研究。为了研究地层的正常层序、接触关系，研究岩体种类、侵入期次、岩相划分、接触关系和岩体构造，研究地层、岩石、构造的含矿（铀）性，确定填图单位和标志层，统一技术要求。在矿区填图前，一般在图幅中部及两侧各实测一条剖面，至少应实测1～2条完整的剖面。

实测剖面应选在地层出露完好，并有代表性的地段。实测剖面的比例尺一般比填图比例尺大一倍以上。

（2）野外填图。野外填图的基本方法是穿越法和追索法。

①穿越法。以手图上实测剖面线为起点，按照填图精度要求的观察路线距离，垂直岩层走向布置观察路线。观察路线要根据填图精度和基岩出露情况考虑点距和线。穿越法填图也可通过测制许多横穿矿体或矿区主要构造线的地质剖面的方法，进行地质填图。具体做法是：先平行矿体走向或构造线方向用仪器测出一条（或几条）基线，又垂直基线测出一系列平行的剖面线（若是勘查线，则为勘查线剖面）。一般情况下，剖面线间距在相应比例尺的图纸上为 3～5cm。地质人员沿剖面线做地质观察，布置地质观察点，绘制地质剖面图。地质观察点应主要布置在各种地质界线、异常矿化点上，以及有特殊地质现象的地方。剖面之间可采用追索法布置地质观察点。在同一种岩石大片出露的地区，根据填图比例尺的需要，亦应布置岩性控制点，以了解岩石、产状变化情况。

对观察点应进行系统观察描述，收集地层、岩石、构造、矿化和蚀变等原始资料，并将地质观察路线和观察点标定（用仪器测定位置）在地形底图上。根据各点地质现象的相互关系，顺走向连接各种地质界线，编制野外地质草图。

剖面法适用于地质构造简单、矿体和岩层沿走向变化不很大的矿区。在植被覆盖面积大的矿区也可考虑采用此法。

②追索法。选择标志层、含矿层或矿体、蚀变带、主要断层（或断裂带）、岩体（层）界线和岩相分带界线等，采用沿走向追索填图。观察路线一般采用"之"字形迂回布置，以控制其顶底界线和了解变化情况。

矿区地质填图常常是上述两种方法的联合使用。

当填图面积较大，需要分组、分幅进行填图时，在图幅拼接部位，相邻两组应共同进行路线观察，以统一认识。当地形测量和地质观察同时进行填图时，各地质观察点应注有明显的标记，以便进行地形测量时将地质观察点测绘到图上。

(二) 小比例尺地质填图

在矿产勘查的普查阶段，常采用比例尺为 1：50000 或 1：250000 的地质填图。它常在区域地质调查提供的成矿地质条件有利的、或根据已有地质矿产资料所确定的成矿远景地段进行，也可在矿区外围进行。一般利用1：50000军用地形图或将其放大的地形图作为底图。

小比例尺地质填图，多采用穿越法填图，以精度较低的方法和较稀的控制网测制而成。它的内容比较简略，或侧重表示一些基本的地质现象，故称地质简测。在铀矿地质填图中，必须有放射性物探工作相配合。

其具体任务是：初步查明远景地段的地质构造特征、矿化、异常的控矿因素、赋存条件和找矿标志，工作区所处大地构造位置；总结成矿规律，进行成矿预测，提出进一步找矿的有利区段；对已发现的矿点进行排队，其中远景较大者可配合其他方法（如物探、化探、钻探等）进行较详细的工作，并对其深部的含矿前景进行评价，明确指出是否应进行详查或矿床勘查。

在精度上，要求矿化、异常点带、地质构造界线的相对位置基本准确，矿体、岩体形态不能有较大的出入。

（三）无地形底图的地质草测

无地形底图的地质草测，一般是在发现的矿化、异常点带上进行。矿点上的地质草测可用1：5000～1：1000的比例尺，多用1：2000的比例尺。

1. 地质草测方法

一般用控制距离法或三角控制法进行地质草测。

（1）控制距离法。在铀矿点地质草测，是利用放射性物探测网，控制地质观测点的平面位置进行填图。物探测网由基线和测线组成。基线和测线的布置一般由经纬仪定向，测绳量距，木桩定点而成。此法一般用于大比例尺物探测量地区，如1：10000～1：1000的放射性测量地区。其优点是能使地质、物探成果互相吻合，有利于异常的解释和评价。

（2）三角控制法。①地形底图草测、利用经纬仪或罗盘仪在测区内布置简易三角控制网，制成控制网底图。即在测区范围内，选择适中而较平坦的地段做基线，其长度一般应大于100m（端点木桩固定位置），用罗盘测其方位角和坡度角，用测绳测量其长度，用三角函数换算求出两点高差。做好基线点后，在测区内再选定出若干控制点，这些点可用罗盘交会法测定（位置与高度），交会点线间的夹角应大于30°或小于150°；控制点分布应均匀，通视情况良好。如果测区面积较大，可用交会法扩大基线；如果测区面积很小，即可利用基线直接交会地形点，进行绘图。②图根测量完成后，即可利用控制点交会确定地形点，根据实地情况勾绘地形等高线。地形点应布置在地形、地物、地质上较重要的地方，如山脊、山谷、山脚、老硐、矿体、标志层、断层、地层界线等处。地形等高距可与同比例尺正规地形图放大 1~2 倍。有时矿点（床）地形底图也不单独进行草测，即用 1：5 万地形图（不得小于此比例尺）放大而成。由于三角控制网是通过基线逐级扩大的办法测绘而成的，因而离基线越远，控制点间距离的累计误差越大。此法只适用于测区范围不大的情况，并要求测区内有较好的通视条件。

2. 地质草图的测制

地质草图一般用穿越法结合追索法进行测制；地质观察点、线密度，可根据填图比例尺大小、矿体变化情况和其他地质条件的需要而定。地质观察点多用目测法在地形底图上定位，而矿体上的地质观察点应用交会法或导线法测定。观察点应详细记录，特别对矿体与成矿有关的蚀变现象，以及成矿控制因素等方面，还要素描或照相。对路线上所有露头应细心观察和研究。矿点（床）地形地质草图，对填图单位划分不做严格要求，可根据矿点范围内地质复杂程度及地质特点来决定，但以能清晰地反映出矿点的地质构造特征为准。

二、碎屑找矿法

利用矿石、含矿岩石和蚀变围岩风化形成的机械分散晕（碎屑）进行找矿的方法，称为碎屑找矿法。该法又分为砾石找矿法、河流碎屑法和冰川漂砾法。

(一) 砾（滚）石找矿法

当矿体及近矿围岩风化后，其大大小小机械破碎产物靠重力或雨水冲刷到山坡和沟谷中的坡积或冲积物内，便形成砾石分散晕。在野外可根据滚石分散晕的形态，向地形的高处追寻矿化露头，这种方法称砾石找矿法。

(二) 河流碎屑法

如果矿体、含矿岩石及近矿围岩的风化机械破碎物被山洪或水流搬运到离矿体露头较远的河床沉积物中，则可利用这种矿化碎屑向上游寻找矿化露头，这种方法即称为河流碎屑法。河流碎屑的特点一般是：下游少而小，磨圆度好；上游多而大，磨圆度差。碎屑物沿河流呈线状分布。

找矿路线应沿山间沟谷布置，逆河而上，进行追索。若碎屑少而小，且磨圆度较好，说明离矿化露头尚远，应向上游继续追索；如遇河流、沟谷分岔，则应对每条岔沟、岔河进行仔细搜索，并沿碎屑分布较多的岔沟、岔河追索；当发现矿化碎屑急剧增多，且上游再无矿化碎屑出现时，则应转向两侧山上寻找矿化露头。

在追索河流碎屑时，要充分利用放射性物探仪器，要注意观察矿化碎屑的岩性，了解这类岩石的分布地区和范围，以便缩小找矿范围。

（三）冰川漂砾法

冰川漂砾法是以冰川搬运的砾石、岩块为主要观察对象，其原理与河流碎屑法类似。由于冰川堆积一般很厚，冰川运动的方向又并非始终如一，并且后一次冰川往往对前一次冰川沉积物有较大的破坏，因而冰川沉积规律难以掌握，利用冰川漂砾寻找原生矿的效果欠佳。

在冰川发育地区，矿体为冰川刨蚀作用所破坏，矿石碎屑和其他岩石碎块一起被冰川带到下游。如果在找矿中发现这类矿砾，应沿冰川运动方向追寻矿化露头。

三、重砂测量法

重砂测量是以各种疏松沉积物中的自然重砂矿物为主要研究对象，以解决与有用重砂矿物有关的矿产及地质问题为主要内容，以重砂取样为主要手段，以追索寻找砂矿和原生矿为主要目的的一种地质找矿方法。

（一）重砂机械分散晕（流）的形成及其分布

矿源母体暴露地表后，经物理风化作用，形成碎屑物质，进一步的机械分离促使其中的单矿物分离出来。在长期的地质作用过程中，由于各单矿物的稳定性不同，有些被淘汰，有些被保留下来。其中，部分稳定的重砂矿物保留分散在原地附近；部分受地表流水及重力作用，以机械搬运的方式沿地形坡度迁移到坡积层，形成高含量带，这样与原残积层一同组成重砂矿物的机械分散晕。另外，尚有部分矿物颗粒进一步迁移到沟谷水系中，由于水流的搬运和沉积，使之在冲积层中形成高含量带，称之为重砂物机械分散流。因此，重砂矿物机械分散晕（流）的分布范围较矿源母体大得多，较易被发现，成为重要的直接找矿标志。重砂机械分散晕（流）的分布规律是：

（1）重砂矿物机械分散晕（流）的形态与矿源母体的形态、产状及其所处的地形位置有直接关系。等轴状矿体所形成的分散晕（流）呈扇形；脉状及层状矿体顺地形等高线斜坡分布，则形成梯形的重砂分散晕；如与地形等高线垂直，则形成狭窄的扇形重砂分散晕。

（2）重砂分散晕（流）中重砂矿物含量与其迁移距离有直接关系。即距矿源母体较近，重砂矿物含量高；距矿源母体较远，则重砂矿物含量低。据此可追索寻找原生矿源体。此外，对于重砂分散晕，其重砂矿物尚与坡积层厚度有关，当坡积层厚度小于5m时，重砂矿物含量由地表向下逐渐增高。

（3）重砂分散晕（流）中重砂矿物的粒度及磨圆度与其原始的物理性质及迁移距离有关。矿物稳定性越强，迁移距离越小，则矿物颗粒大，磨圆度差，呈棱角状；反之，粒度小，呈浑圆状。

（二）重砂测量样品采集

重砂取样是重砂测量的重要环节，取样质量的好坏直接影响重砂测量的效果。根据重砂取样的种类、目的、任务及地形地貌特征，重砂取样总体布置分为三种。

1. 水系法

水系法是目前应用最广的一种重砂取样部署方法。通常对调查区二级以上水系进行取样。样点的部署可依据下述原则：

（1）大河稀，小河密；同一条水系则上流密，下流稀，越近源头，取样密度越大。

（2）河床坡度大，跌水崖发育，流速大，流量小，溪流应密，反之应较稀。

（3）主干溪流的两侧支沟发育且对称性好，则样点可放稀，反之应加密。

（4）垂直岩层主要走向的溪流应密，而平行岩层主要走向的溪流可放稀。

（5）对矿化、围岩蚀变发育地段，岩体接触带，岩性发生重大变化处的溪流冲积层应加密取样。

水系法取样间距可根据不同河流的级别加以确定。

2. 水域法

水域法是按汇水盆地中各级水流的发育情况进行布样。取样前应对汇水盆地的水域进行划分，然后将取样点布置在各级水域中主流与支流汇合处的上游，以控制次级水域中有用矿物含量和矿物组合特征。

取样时应逆流而上，对各级水域逐一控制，对没有出现有用矿物的水域逐个剔除，对出现有用矿物的水域逐级追索，直至最小水域，达到追索寻找矿源母体的目的。水域取样每个样品的控制面积视地质构造复杂程度和地貌条件而异：地质构造复杂成矿有利地段，四级支流和微冲沟的每个样品控制面积在 $1.5 \sim 2km^2$ 为宜；地质条件中等地区，三级支流中每个样品控制面积为 $3 \sim 4km^2$；地质条件简单地区，每个样品控制面积可为 $5 \sim 8km^2$。

3. 测网法

测网法是以重砂取样线距和点距组成纵横交叉的网格，样点布在"网格"的结点上。其目的是圈定有用矿物的重砂分散晕，进而寻找原生矿床，或者为了对砂矿进行勘查，从而进行远景评价。取样时，线距应小于晕长的一半，点距应小于晕宽的一半。

由于重砂样品采取的对象不同，可有下述方法：

（1）浅坑法。它是以冲积物、坡积物和残积物为采取对象，以寻找原生矿床为主要目的。目前多采用在一个取样点运用"一点多坑法"的方式进行采样，以增强样品的代表性。取样深度视取样对象而定，一般对冲积层取样深度以 $20 \sim 50cm$ 为宜，坡积层取样深度可在腐殖层以下 $20 \sim 50cm$，残积层取样深度决定于残积层厚度，样深均应达到基岩顶部。取样原始重量要求为 $20 \sim 30kg$，以保证获得 $20g$ 灰砂为准。

（2）刻槽法。刻槽法主要用于阶地重砂取样。在阶地剖面上进行，首先取表面的松散物质，然后从顶部到基岩垂直其厚度，以 $50cm$ 长的样槽按层分段连续取样。样槽规格以保证取得一定数量的原始样品重量为准。

（3）浅井法。它是当冲积层、坡积层、残积层及阶地等松散沉积物厚度较大时采取的取样方法，目的是勘查现代砂矿或古砂矿。在浅井施工过程中，用刻槽、剥层或全巷法采集样品。其中，剥层法应用较多，它是沿砂矿可采部位将整个剖面取样，开采时沿掌子面取样。剥层规格为：深度5cm、10cm、15cm、20cm不等，宽度一般为0.5～1m。

（4）砂钻法。砂钻法在松散物很厚时采用，主要用于砂矿勘查。将钻孔中所取得的砂柱作为样品，样品长0.2～1m不等，应视具体矿产种类而定。如砂金矿以0.2～0.5m为好，砂锡矿以0.5～1m为好。砂钻法取样主要运用大口径冲击钻。

样品采集之后，要进行淘洗。

（三）重砂测量成果图

根据重砂样品的详细鉴定结果，按矿种或矿物组合以不同方式编制成图，结合地质地貌特征圈定重砂异常区，编绘重砂成果图。重砂成果图是重砂测量的最终成果，是进行重砂异常分析评价的依据。重砂成果图要求反映重砂矿物的分布规律；反映工作区地质特征，如成矿地质条件、控矿因素、成矿标志及矿化特征；反映工作区地形地貌特征；圈定重砂异常区，对异常区进行评价和检查；圈定成矿有利地段，甚至追索寻找矿源母体以达到找寻砂矿及原生矿体的目的。重砂成果图的底图应选用同比例尺或较大比例尺的地形地质图或矿产地质图。

重砂成果图表示方法有圈式法、符号法、带式法及等值线法四种。

1. 圈式法

圈式法为常用的一种图示方法，可同时表示多种矿物含量，并可指出重砂矿物的搬运方法及其共生组合的变化情况。圈式是以取圆心，以5mm（1∶5万重砂图）或3mm（1∶20万重砂图）为直径画圆圈，再将之以直径划分成若干"弧底等腰三角形"，每个三角形用不同彩色或花纹符号表示不同的矿物，并以涂色或花纹符号所占面积来表示各矿物的含量。分几等份都是根据矿种多少而定的。有四等份的，即四个象限；也可八等份或十二等份。如果取样点太密致使圆圈重叠，可将圆圈画在取样点的上、下两侧的任一侧。

2. 符号法

符号法是将有用矿物的主要元素符号标注在取样点旁侧即可。此法简单方便，作图快，但不能表示有用矿物含量；同时，当矿种较多时，符号排列拥挤，图面不清晰。这种表示方法只适用于以单一或少量矿种为寻找对象的野外定性分析之草图。

3. 带式法

带式法是将同一种矿物的相邻取样点连结成条带，并以条带的颜色或花纹、宽窄、长轴方向分别表示矿物种类、含量和搬运方法。此法能明确表示出有用矿物的富集地段，并直观地指示找矿方向。但如果矿物种类较多，图面就不清晰。此图适用于砂矿普查与详细重砂测量。

4. 等值线法

等值线法是以有用矿物含量作分散晕等值线，即将相同含量的相邻点连接成曲线。此法用于 1∶1 万、1∶2000 的大比例尺残坡积重砂找矿或砂矿勘探（用测网法部署取样点）。一般按单矿物编制，效率较低。但随着数理统计和电算方法的应用，在中小比例尺（1∶20 万）的重砂测量中也可用此法表示重砂成果，以求得到更多醒目的信息。

（四）重砂异常区的评价

目前，常从以下几方面评价异常区：有用矿物含量、矿物共生组合、矿物标型特征、重砂矿物搬运的可能距离、重砂矿物空间分布特征以及异常区地质地貌条件等。

1. 有用矿物含量

它是评价异常区的基本依据，表明重砂异常的强度：连续的高含量点的出现，表明异常不是偶然的，由矿化引起的可能性极大；而那些孤立高含量点则很可能是由偶然因素引起的。考虑高含量时必须研究一切可能影响含量的因素：矿源母体中的该矿物含量特征、取样处疏松沉积物类型、取样点所处的地质条件和地貌特征及矿床类型和产状等。只有这样，才能真正做到由表及里、去伪存真。

2. 重砂矿物标型特征

矿物标型特征即可反映矿物及其"母体"形成时的物理和化学条件，表现在形态、成分、物理性质、化学性质、晶体结构等方面的特点。重砂矿物的标型特征对评价异常区具有特殊意义。它可提取一些难得的成矿信息，特别对判断原生矿床的成因类型能提供更可靠的依据。

3. 重砂矿物共生组合

从找矿角度出发，利用重砂矿物共生组合可分辨真假异常及作为找矿的标志。还可利用重砂矿物共生组合判断原生矿的成因类型。

4. 重砂矿物搬运的距离

分析重砂矿物搬运的距离，对于确定原生矿床的位置及评价砂矿床具有重要意义。影响重砂矿物搬运距离的因素，一方面是重砂矿物的稳定程度，另一方面是迁移环境。根据经验数据，锡石砂矿距原生矿床一般不超过5～8km，自然金搬运距离可达数百千米，但具工业意义的砂金矿富集在距原生矿床不远的地方。在判断重砂矿物搬运距离时，必须注意其磨圆度及矿物的形态特征。

5. 重砂矿物空间分布特征

重砂矿物的空间分布严格受区内各地质体控制。在进行异常区评价时，应将重砂矿物的分布与成矿的地质、地貌条件联系起来，以便追索寻找原生矿。

重砂异常检查的目的在于分析引起"异常"的原因，对"异常"的找矿意义做出评价。它是在异常区评价的基础上，采用必要的技术手段，进一步实地进行的地质调查工作。具体做法有以下几种：①对异常区加密重砂取样，取样密度视工作目的要求确定，可以为20m×50m、50m×100m，也可以为100m×100m；②为了查清有用矿物的矿源母体，对异常区的各种岩石和矿化蚀变等地质体，采取一定数量的人工重砂样品；③残坡积层的重砂取样，当发现有用矿物的高含量带，且其粒度、形态及伴生矿物等方面都具有接近原生矿床的特征时，应在取样点附近施以剥土或槽井探工程，进而查明异常的空间分布，圈定原生矿体的范围。

当经过调查研究而判断是由矿体或与矿体有关的地质体引起的异常时，应对此有希望地段以必要的钻探或坑探工程进行揭露、验证，需查明有用矿物在垂直方向上的分布变化规律及其与原生矿床之间的内在联系。

第二章　金属矿产勘查

第一节　金属矿产勘查阶段

一、概述

(一) 矿产勘查标准化

1. 标准化

标准化（standardization）是在经济、技术、科学及管理等社会实践中，对重复性事物和概念通过制订、发布和实施标准达到统一，以获最佳秩序和社会效益。

标准化的目的之一就是在企业建立起最佳的生产秩序、技术秩序、安全秩序、管理秩序。企业每个方面、每个环节都建立起互相适应的成龙配套的标准体系，就使每个企业生产活动和经营管理活动井然有序，避免混乱，克服混乱。秩序同高效率一样，也是标准化的机能。标准化的另一目的就是获得最佳社会效益。一定范围的标准是根据实现特定技术效益和经济效果目标而制定的。因为制定标准时，不仅要考虑标准在技术上的先进性，还要考虑在经济上的合理性。也就是企业标准定在什么水平，要综合考虑企业的最佳经济效益。因此，认真执行标准，就能达到预期的目的。一些工业发达国家把标准化作为企业经营管理、获取利润、进行竞争的法宝和秘密武器。特别是一些著名公司，往往都建立企业标准化体系，以保证它的利润和竞争目标的实现。

2. 标准

标准是对重复性事物和概念所做的统一规定。它以科学技术和实践经验的综合成果为基础，经有关方面协商一致，由主管机构批准，以特定形式发布，作为共同遵守的准则和依据。

3.规范

规范是对勘查、设计、施工、制造、检验等技术事项所做的一系列统一规定。根据国家标准法的规定，规范是标准的一种形式。

4.地质矿产勘查标准

我国地质矿产勘查标准化工作始于 20 世纪 50 年代，按照统一和协调的原则，分别由各部门制定了一系列关于地质矿产勘查的标准和规范规程。初步统计已达上百种，其中固体矿产勘查规范已达 45 种，涉及 84 个矿种，形成了一个独立的体系，并且已进入了国家的标准化管理体系。大部分的这些标准都可以在中国地质调查局、中国矿业网，以及中国矿业联合会地质矿产勘查分会等相关网站上查阅。

(二) 矿产勘查阶段的基本概念

矿产勘查工作是一个由粗到细、由面到点、由表及里、由浅入深、由已知到未知，通过逐步缩小勘查靶区，最后找到矿床并对其进行工业评价的过程。

也就是说，一个矿床，从发现并初步确定其工业价值直至开采完毕，都需要进行不同详细程度的勘查研究工作。为了提高勘查工作及矿山生产建设的成效，应避免在地质依据不充分或任务不明确的情况下开展矿产勘查、矿山建设或生产活动，以防止造成不必要的损失，必须依据地质条件、对矿床的研究和控制程度，以及采用的方法和手段等，将矿产勘查分为若干阶段，这种工作阶段称为矿产勘查阶段。

在每个阶段开始之前，都必须进行立项、论证、设计以及施工准备等一系列工作，而且在工程施工程序上，一般也应遵循由表及里、由浅入深、由稀而密、先行铺开、而后重点控制的顺序。每个阶段结束时，都要求对研究区进行评价、决策，提出下一步工作的建议。

矿产勘查过程中一般需要遵守这种循序渐进的原则，但不应作为教条。在有些情况下，由于认识上的飞跃，勘查目标被迅速定位，则可以跨阶段进行勘查；反之，如果认识不足，则可能会返回到上一个工作阶段进行补充勘查。

二、矿产预查阶段

预查相当于过去的区域成矿预测阶段。预查工作比例尺随勘查工作要求的不同而不同，可以在1：100万～1：5万间变化。预查工作采用的勘查方法主要包括遥感图像的处理和解译、区域地质，地球物理、地球化学资料的处理，以及野外踏勘等。

根据中国地质调查局规定，预查阶段分为区域矿产资源远景评价和成矿远景区矿产资源评价两种类型。

(一) 区域矿产资源远景评价

区域矿产资源远景评价是指对工作程度较低地区，在系统收集和综合分析已有资料基础上进行的野外踏勘、地球物理勘查、地球化学勘查、三级异常查证，圈定可供进一步工作的成矿远景区的预查工作。条件具备时，估算经济意义未定的预测资源量（334_2）。其工作内容包括：

（1）全面收集预查区内各类地质资料，编制综合性基础图件；

（2）全面开展区域地质踏勘工作，测制区域性地质构造剖面，实地了解成矿地质条件；

（3）全面开展区域矿产踏勘工作，实地了解矿化特征，并开展区域类比工作；

（4）择优开展物探、化探异常三级查证工作；

（5）运用 GIS 技术开展综合研究工作，对区域矿产资源远景进行预测和总体评估，圈定成矿远景区；

（6）条件具备时对矿化地段估算 334_2 资源量；

（7）编制区域和矿化地段的各类图件。

(二) 成矿远景区矿产资源评价

成矿远景区矿产资源评价是指对工作程度具有一定基础的地区或工作程度较高地区，运用新理论、新思路、新方法，在系统收集和综合分析已有资料基础上，对成矿远景区所进行的野外地质调查、地球物理和地球化学勘查、三级至二级异常查证、重点地段的工程揭露，圈出可供普查的矿化潜力较大地区的预查工作。条件具备时，估算经济意义未定的预测资源量（334₁）。其工作内容包括：

（1）全面收集成矿远景区内的各类资料，开展预测工作，初步提出成矿远景地段；

（2）全面开展野外踏勘工作，实际调查已知矿点、矿化线索、蚀变带，以及物探、化探异常区，了解矿化特征、成矿地质背景，进行分析对比，并对成矿远景区资源潜力进行总体评价；

（3）在全面开展野外踏勘工作的基础上，择优对物探、化探异常进行三级至二级查证工作，择优对矿化线索开展探矿工程揭露；

（4）提出成矿远景区资源潜力的总体评价结论；

（5）提出新发现的矿产地或可供普查的矿产地；

（6）估算矿产地334₁和334₂预测资源量；

（7）编制远景区及矿产地各类图件。

（三）预查工作要求

本阶段的勘查程度要求搜集并分析区内地质矿产、物探、化探和遥感地质资料，对预查区内的找矿有利地段、物探和化探异常、矿点、矿化点进行野外调查工作；对有价值的异常和矿化蚀变体要选用极少量工程加以揭露；如发现矿体，应大致了解矿体长度、矿石有用矿物成分及品位、矿体厚度产状等，大致了解矿石结构构造和自然类型，为进一步开展普查工作提供依据，并圈出矿化潜力较大的普查区范围。如有足够依据，可估算预测资源量。

1. 有关资料收集及综合分析工作

（1）全面收集工作区内地质、物探、化探、遥感、矿产、专题研究等各类资料，编制研究程度图。对以往工作中存在的问题进行分析。

（2）对区域地质资料进行综合分析工作，根据不同矿产类型，编制区域岩相建造图、区域构造岩浆图、区域火山岩性岩相图等各类基础图件。

（3）对区域物探资料进行重磁场数据处理工作，推断地质构造图件以及异常分布图件。

（4）对区域化探资料进行数据分析工作，编制数理统计图件以及异常分布图件，开展地球化学块体谱系分析，编制地球化学块体分析图件。

（5）对区域遥感资料进行影像数据处理，编制地质构造推断解释图件。

（6）对矿产资料进行全面分析，编制矿产卡片以及区域矿产图件。

（7）运用 CIS 技术，对上述资料进行综合归纳，编制综合地质矿产图，作为部署野外调查工作的基础图件。

2. 野外调查工作

固体矿产预查工作，必须以野外调查工作为主，野外调查和室内研究相结合。野外调查工作包括区域地质踏勘工作，区域矿产踏勘工作，地球物理、地球化学勘查，物探、化探异常查证，矿点检查工作；室内研究包括已有地质资料分析、综合图编制、成矿远景区圈定、预测资源量估算等工作。

（1）区域地质踏勘工作。区域地质踏勘工作是预查工作的重要基础工作，无论是否已经完成区调工作，都要精心组织落实。一般情况下，部署一批能全面控制区内区域地质条件的剖面，进行踏勘工作。踏勘时应进行详细的路线观察编录，并绘制路线剖面图，对重要地质体布置专题路线观察。通过区域地质踏勘工作，实地了解主要地质构造特征、成矿地质背景条件。

踏勘时应适当采集关键地段及有代表性地质、矿化现象的岩矿标本，并进行必要的岩矿鉴定或快速分析测试。通过踏勘选择确定实测地质剖面位置，建立遥感解译标志。

（2）区域矿产踏勘工作。区域矿产踏勘工作是预查工作的关键基础工作。一般情况下，工作区内都有一定数量的矿化线索、矿化点、矿点、物探和化探异常区，因此必须全面开展踏勘工作，对不同类型的矿化线索都必须进行现场踏勘。对有较多工作程度较高矿产地的地区，应经过分类；对不同类型的代表性矿产地进行全面踏勘，详细了解矿化特征成矿地质背景、工作程度，以往评价存在问题等情况，修订原有的矿产卡片。对已有成型矿床的远景区，必须开展典型矿床的野外专题调查工作，通过实地观察，详细了解矿床成矿地质条件、矿化特征、找矿标志等资料，以便指导远景区总体评价工作。

根据中国地质调查局工作标准，对与成矿有关的沉积岩，应在已划分的岩石地层单位基础上，进一步划分其岩性及岩石组合，大致查明沉积岩层的岩石类型、物质成分、沉积特征、含矿性、接触关系、时空分布变化，建立岩石地层层序，分析其沉积相与沉积环境，研究沉积作用与成矿作用的关系。

对与成矿有关的侵入岩，在已划分侵入体的基础上，大致查明其岩石类型、形态与规模、矿物成分与岩石地球化学特征、结构构造、接触关系、包体与脉岩的规模、产状、组分等，以及与成矿有关的侵入体内外接触带的交代蚀变、同化混染和分异特征、矿化特征等，圈定接触带、捕虏体或顶盖残留体，测量接触带产状。根据侵入体相互接触关系和同位素年龄资料确定侵入体的侵入时代和侵入顺序，研究其时空分布规律及与围岩和成矿的关系矿特征，研究侵入体及岩浆作用与成矿关系。

对与成矿有关的火山岩，应在已划分的岩石地层单位基础上，进一步划分其岩性（岩相）及岩石组合，大致查明火山岩岩石的岩石类型、矿物成分、结构构造、地球化学特征、产状与接触关系、空间分布，以及沉积夹层、火山地层层序等特征；划分火山喷发韵律和喷发旋回，建立火山岩地层层序，确定火山喷发时代，分析火山岩时空分布规律，研究火山作用与区域构造及成矿作用的关系。对与成矿作用密切的火山活动，应圈定火山机构，划分火山岩相，分析研究火山机构、断裂、裂隙对矿液运移和富集的控制作用及与火山作用有关的岩浆期后热液蚀变、矿化特征。

对与成矿有关的变质岩，应在已划分的构造地（岩）层或构造—岩石单位基础上，进一步划分其岩性及岩石组合，大致查明变质岩石的岩石类型、矿物成分、结构构造及主要变质岩类型的岩石地球化学等特征，恢复原岩及其建造类型。大致查明不同变质岩石类型的空间分布接触关系及主要控制因素，并建立序次关系。对成矿作用密切的变质岩，应进一步研究其岩石组合、变质变形特征，划分变质相和变质带，研究变质期次、时代及其与成矿作用的关系。

对与成矿有关的构造，应大致查明基本构造类型和主要构造的形态、规模、产状、性质、生成序次和组合特征，建立区域构造格架，探讨不同期次构造叠加关系及演化序列。深入研究成矿有关的褶皱、断裂构造或韧性剪切带等构造特征，以及矿体在各类构造中的赋存位置和分布规律，分析构造活动与沉积作用、岩浆作用、变质作用及成矿作用的关系。

（3）地球物理、地球化学勘查工作。一般情况下，区域矿产资源远景评价工作应当在已完成 1 ∶ 50 万 ~ 1 ∶ 25 万的地球物理（包括航空或地面）、地球化学勘查工作的基础上进行，如尚未开展 1 ∶ 50 万 ~ 1 ∶ 25 万的地球物理及地球化学勘查工作的地区，应单独立项开展 1 ∶ 50 万 ~ 1 ∶ 25 万的地球物理及地球化学勘查工作。一般情况下，成矿远景区矿产资源评价工作应当在已完成 1 ∶ 5 万的地球化学勘查工作的基础上进行；如尚未开展 1 ∶ 5 万的地球化学勘查工作的地区，应单独立项开展 1 ∶ 5 万的地球化学勘查工作，必要时应单独立项开展 1 ∶ 5 万的地球物理勘查工作。

对重要矿化地段，重要物探、化探异常区，以及开展物探、化探异常二级查证的地区，应部署大比例尺（一般为 1 ∶ 2.5 万 ~ 1 ∶ 1 万）的地球物理、地球化学勘查工作。对部署钻探工程的地区，必须作地球物理精测剖面、地球化学加密剖面。对钻探工程在条件适宜的情况下，应开展井中物探工作。地球物理和地球化学勘查方法应根据具体地质条件，选择有效的方法。

（4）遥感地质调查工作。遥感地质调查工作应贯穿于预查工作的全过程。收集资料及综合分析工作阶段，应选用合适的遥感影像数据，进行图像处理，制作同比例尺遥感影像地质解释图件。野外踏勘阶段，必须对遥感解释进行对照修正，最大限度地通过野外踏勘，提取地层、岩石、构造、矿产等与成矿有关的信息，以及确定矿产远景地段。室内综合研究阶段，应利用遥感资料提供成矿远景区，优化普查区，提供矿化蚀变地段。

（5）矿点检查和物探、化探异常查证工作。通过广泛收集资料，进行综合分析，并结合区域地质踏勘、矿产踏勘、物探、化探及遥感等多种手段的资料综合分析及数据处理工作，以全面了解和评估目标区域的地质与矿产情况，对具有成矿远景的矿产地或矿化线索以及有意义的物探、化探异常开展检查工作，主要内容包括：草测大比例尺的地质矿产图件，开展大比例尺的物探、化探工作，布置少量的探矿工程。了解远景地段的矿化特征，提出可供普查的矿化潜力较大地区，或者提出可供普查的矿产地。

（6）探矿工程。预查阶段的探矿工程布置，要求达到揭露重要地质现象和矿化体的目的。槽井探、坑探和钻探等取样工程应布置在矿化条件好、致矿异常可能性大或追索重要地质界线的地段。探矿工程的布置需有实测或草测剖面，使用钻探手段查证异常时，孔位的确定要有实际依据，一旦物性前提存在，应用物探有关勘查方法的精测剖面反演成果确定孔位、孔斜和孔深；在围岩地层和矿层中岩矿心采取率要符合有关规范、规定的要求。

（7）采样和化验工作。预查工作必须采集足够的与矿产资源潜力评价相关的各类分析样品，各类采样化验工作技术要求参照有关规范、规定执行。

（8）工程编录工作。野外编录工作按照有关《固体矿产勘查原始地质编录规程》（DZ/T 0078-2015）标准进行。

（四）预测资源量（334_1、334_2）的估算

1.预测资源量（334_2）的估算条件

（1）初步研究了区内地质构造特征和成矿地质背景，各类异常的分布范围和特征、矿点、矿化点和矿化蚀变带的分布；

（2）经过三级异常查证，获得了相应的数据，判定属矿致异常特征者或通过矿（化）点及有关民采点、老硐评价证实有潜力的地区；

（3）编制了估算 334_2 资源量所需的地质图件；

（4）估算参数除预查工作实测外，部分参数可与地质特征相似的已知矿床类比，新类型矿床的估算参数要按地质调查的实际资料获取。

2.预测资源量（334_1）的估算条件

（1）初步了解了工作区内的地质构造、矿点、矿化点、矿化蚀变带、各类异常的分布范围和特征；

（2）异常、矿（化）点经过了三级至二级查证，已有见矿工程；

（3）依据地表观察以及物探、化探、遥感等异常现象的综合分析，推断出矿体的产状、规模、分布范围，以及矿石的品位和自然类型；

（4）顺便了解了工作区的水文地质、工程地质、环境地质和开采技术条件。

（五）预查工作提交成果

1.预查地质报告及附件、附表、附图

（1）预查地质报告。预查地质报告主要包括以下内容：

①工作目的和任务；

②自然地理及经济条件；

③以往地质工作评述；

④区域地质背景；

⑤区域矿产资源远景评价；

⑥成矿远景区矿产资源评价；

⑦预查工作方法及质量评述；

⑧预测资源量估算；

⑨结论。

（2）预查地质报告一般应附的附图、附件和附表。矿产预查地质报告中常见的附图包括交通位置图、研究程度图、实际材料图、地质矿产图、物化探参数图、物化探推断成果图、遥感解释图、地质和工程剖面图、成矿预测图、预测资源量估算图、地质工作部署建议图、工程编录图等。

有关预查项目的批复文件应作为预查地质报告的附件。矿产预查报告常见的附表包括：样品登记和分析结果表，预测资源量评价数据表（各工程、各剖面、各块段的矿体平均品位、平均厚度或面积、体积计算表），地球物理、地球化学勘查各类数据表，物化探异常登记表和异常查证结果表，探矿工程一览表，生产矿井、老硐、民采坑道等资料汇总表，质量验收资料，插图图册、照片图册，重要的原始资料清单，等等。

2. 数据光盘及其相关的数字化资料

重要的勘查工作可摄制成声像资料，所有的地质信息资料均应按照相关要求刻录于光盘中。

预查工作成果要以纸质和电子文档的方式报相关部门审查和存档。

三、矿产普查阶段

矿产普查的工作比例尺一般为 1：10 万 ~ 1：1 万，主要采用的方法包括相应比例尺的地球物理、地球化学地质填图，稀疏的勘查工程，等等。

（一）矿产普查的目的和任务

矿产普查的目的是对预查阶段提出的可供普查的矿化潜力较大地区和地球物理、地球化学异常区，通过开展全面的普查工作，实现对主要矿体（点）的稀疏工程控制，以及对主要地球物理、地球化学异常的识别，并完成对推断的含矿部位进行的工程验证，对普查区的地质特征、含矿性和矿体（点）做出评价，提出是否进一步详查的建议及依据。

其任务是在综合分析、系统研究普查区内已有各种资料的基础上，进行地质填图、露头检查，大致查明地质、构造概况，圈出矿化地段；对主要矿化地段采用有效的地球物理、地球化学勘查技术方法，用数量有限的取样工程揭露，大致控制矿点或矿体的规模、形态、产状，大致查明矿石质量和加工利用可能性，顺便了解开采技术条件，进行概略研究，估算推断的内蕴经济资源量（333），等等。必要时圈出详查区范围。

（二）矿产普查要求的地质研究程度

本阶段的勘查程度要求搜集区内地质、矿产、物探、化探和遥感地质资料，通过适当比例尺的地质填图和物探、化探等方法及有限的取样工程，大致查明普查区的成矿地质条件，大致查明矿体（层）的形态、分布、规模、产状和矿石质量，推断矿体的连续性，大致了解矿床开采技术条件，对矿石加工选冶性能进行类比研究，最终提出是否具有进一步详查的价值，并圈出可供进一步开展详查工作的范围。

1. 地质研究程度

在预查工作和搜集区内各种比例尺的区域地质调查资料的基础上，视研究程度和实际需要开展地质填图工作。对区内地层、构造和岩浆岩的产出分布及变质作用等基本特征的查明程度，应达到相应比例尺的精度要求。

全面搜集区内各种地质资料和研究成果，注重搜集和研究区内与矿体（点）形成有内在联系的成矿地质条件资料进行分析。与沉积有关的矿产应着重搜集研究沉积环境方面的资料及含矿岩层（系）的产出、层位、层序和岩石组合等资料，与岩浆活动有关的矿产应着重搜集研究岩石类型、围岩及接触关系、蚀变特征等方面的资料，与变质作用有关的矿产应着重搜集研究变质作用及其产物的物质组成和空间展布等方面的资料，对主要（控矿）构造应大致查明其性质、规模、分布及与矿化的关系。

2. 矿产研究

根据区域内矿产、地球物理、地球化学特性，以及重砂矿物和遥感影像的特征，结合区域成矿地质背景，综合考量已有的矿产资料、矿山生产数据、矿化类型、蚀变分带及其分布特点，矿体的空间展布特征，矿石的物质组成（包括矿石矿物、脉石矿物）、结构构造、矿石品位，以及相关的物理化学性质和有害组分含量，进行全面分析和评估；对重点解剖的主要矿体（点），充分运用区域成矿规律和新理论进行深入研究，指导区内的找矿工作。注重综合评价，应了解共、伴生矿产及其品位和质量，并研究其分布特点。

3. 开采技术条件研究

顺便了解与矿山开采有关的区域和测区范围内的水文地质、工程地质、环境地质条件。矿化强度大、拟选为详查的地区，当水文地质条件复杂或地下水丰富时，应适当进行水文地质工作，了解地下水埋藏深度、水质、水量及与矿体（点）的关系、近矿岩石强度等。

4. 矿石加工技术选冶性能试验

对已发现矿产应与同类型已开采矿产的矿石物质组成、结构构造、嵌布特征、粒度大小、品位、有害组分等进行类比，并就矿石加工选冶的可能性做出评述；对无可比性的矿石应进行可选（冶）性试验或加工技术性能试验。

对有找矿前景的全新类型矿石，应先进行专门的矿石加工技术选冶性能试验研究，为是否需要进一步工作提供依据。

(三) 矿产普查的控制要求

普查工作重在找矿，要求对整个普查区的矿产潜力做出评价。通过对面上工作各种资料的全面综合分析研究和对矿体（点）进行数量有限的取样工程，大致了解矿石质量和利用可能性，有依据地估算矿产资源的数量，最终提出是否具有进一步详查的价值，圈定出详查区范围。

普查阶段一般应填制 1：5 万地质图，地质条件复杂、测区范围小、找矿前景大时可填制 1：2.5 万地质图。对矿化明显的局部地段，为满足施工工程、控制矿体（点）、估算矿产资源数量的要求，可填制 1：1 万～1：2000 的地质简图。

对发现的矿体，地表用稀疏取样工程、深部有极少量控制性工程证实，大致控制其规模、产状、形态、空间位置，并分别详细记录矿体实测和有依据推测的规模、长度、厚度及可能的延深。

(四) 矿产普查技术方法

（1）测量工作。必须按规定的质量要求提供测量成果。工程点、线的定位，鼓励利用 GPS 技术，提高测量工作质量和效率。

（2）地质填图。地质填图尽可能使用符合质量要求的地形图，其比例尺应大于或等于地质图比例尺，无相应地形图时可使用简测地形图。地质填图方法要充分考虑区内地形、地貌、地质的综合特征及已知矿产展布特征，对成矿有利地段要有所侧重。对已有的不能满足普查工作要求的地质图，可根据普查目的要求进行修测或搜集资料进行修编。

（3）遥感地质。要充分运用各种遥感资料，对区内的地层、构造、岩体、地形、地貌、矿化、蚀变等进行解释，以求获得找矿信息，提高普查工作效率和地质填图质量。

（4）重砂测量。对适宜运用重砂测量方法找矿的矿种，应开展重砂测量工作，测量的比例尺要与地质填图的比例尺相适应。对圈定的重砂异常，根据需要择优进行检查验证，做出评价。

（5）地球物理、地球化学勘查。应配合地质调查先行部署，用于发现找矿信息，为工程布置、资源量估算提供依据；根据普查区的具体条件，本着高效经济的原则合理确定其主要方法和辅助方法。比例尺应与地质图一致，对发现的异常区应适当加密点、线，以确定异常是否存在和大致形态。

对有找矿意义的地球物理、地球化学异常，结合地质资料进行综合研究和筛选，择优进行大比例尺的地球物理和（或）地球化学勘查工作，进行二级至一级异常的查证。当利用物探资料进行资源量估算时，应进行定量计算。验证钻孔和普查钻孔应根据具体地球物理条件，进行井中物探测量，以发现或圈定井旁盲矿。

（6）探矿工程。根据已知矿体（点）的信息和地形、地貌条件，各类异常性质形态、地质解释特征以及技术、经济等因素合理选用。

探矿工程布设应选择矿体和含矿构造及异常的最有利部位。钻探、坑道工程应在实测综合剖面的基础上布置。

（7）样品采集、加工。样品的采集要有明确的目的和足够的代表性。普查阶段主要采集光谱样、基本分析样、岩矿鉴定样、重砂样、化探样及物性样等。有远景的矿体（点）还应采取组合分析样、小体重样等。必要时采集少量全分析样。样品加工损失率不大于3%，砂矿样品应由合格的淘洗工在现场使用能回收尾砂的容器中进行淘洗。对尾矿砂要反复淘洗，所得重砂合并为一个基本样品。

基本分析样依据矿种和探矿工程的不同，选择经济合理的取样方法，坑探工程一般应采用刻槽取样的方法，刻槽断面一般为10cm×3cm或10cm×5cm，不适宜刻槽取样的矿种应在设计中规定；钻探工程的矿心样应用锯片沿长轴1/2锯开，取其一半做样品，不得随意敲碎拣块，确保分析结果能反映客观实际。取样规格要保证测试精度的要求，样品的实际重量用理论重量衡量时应在允许误差范围内。

（8）编录。各种探矿工程都必须进行编录。探槽、浅井、钻孔、坑道要分别按规定的比例尺编制。有特殊意义的地质现象可另外放大表示，图文要一致，并应采集有代表性的实物标本等。

地质编录必须认真细致，如实反映客观地质现象的细微变化，必须随施工进展在现场及时进行。应以有关规范、规程为依据，做到标准化、规范化。

（9）资料整理和综合研究。这个要贯穿普查工作的全过程。对获得的第一性资料数据应利用计算机技术和CIS技术进行科学的处理，对获得的各类资料和取得的各种成果应及时综合分析研究，结合区内或邻区已知矿床的成矿特征，总结区内成矿地质条件和控矿因素，进行成矿预测，指导普查工作。

普查工作中使用的各种方法和手段，其质量必须符合现行规范、规定的要求；没有规范规定的，应在设计时或施工前提出质量要求，经项目委托单位同意后执行。各项工作的自检、互检、抽查、野外验收的记录、资料要齐全，检查结论要准确。为保证分析质量，普查工作中要由项目组按规定送内、外检样品到有资质的单位进行分析、检查。

（五）可行性评价工作要求

普查工作阶段可行性评价工作要求为开展概略研究，一般由承担普查工作的勘查单位完成。概略研究是对普查区推断的内蕴经济资源量（333）提出矿产勘查开发的可行性及经济意义的初步评价，目的是研究有无投资机会，矿床能否转入详查，等等，从技术经济方面提供决策依据。

概略研究采用的矿床规模、矿石质量、矿石加工技术选冶性能、开采技术条件等指标，可以是普查阶段实测的或有依据推测的；技术经济指标也采用同类矿山的经验数据。

矿山建设外部条件、国内及地区内对该矿产资源供求情况，以及矿山建设规模、开采方式、产品方案、产品流向等，可根据我国同类矿山企业的经验数据及调研结果确定。

概略研究可采用类比方法或扩大指标，进行静态的经济分析。其指标包括总利润、投资利润率、投资偿还期等。

(六) 估算资源量的要求

矿产普查阶段探求的资源量属于推断的内蕴经济资源量（333），其估算参数一般应为实测的和有依据推测的参数，部分技术经济参数可采用常规数据或同类矿床类比的参数。当有预测的资源量（334_1）需要估算时，其估算参数是有依据推测的参数。

矿体（点或矿化异常）的延展规模，应依据成矿地质背景、矿床成因特征和被验证为矿体的异常解释推断意见、矿体产状及有限工程控制的实际资料推断。

(七) 矿产普查工作提交成果

矿产普查工作提交的成果包括地质报告及附图、附件、附表等。

1. 矿产普查地质报告

矿产普查地质报告包括以下主要内容：

(1) 工作目的任务及完成情况；

(2) 普查区范围、交通位置及自然经济状况；

(3) 普查区以往地质工作评述；

(4) 普查区地质特征：阐述其地层、构造岩浆岩、变质作用、水文地质条件；

(5) 普查区地球物理、地球化学特征及解释推断意见，阐述地球物理、地球化学场特征，物探、化探异常描述及验证结果，物探、化探推断（或圈定）矿体的意见；

(6) 普查区矿产特征：矿化带（点）的分布特征、矿体产出特征、矿石质量等，新发现的矿产地、可供详查的矿产地；

（7）普查区含矿性总体评价；

（8）普查技术方法及质量评述：地形、工程测量、地质填图、遥感地质、物探、化探、探矿工程、重砂测量、取样与加工、分析测试、资料编录；

（9）推断的内蕴经济资源量（333）、预测的内蕴资源量（334）、估算（参数确定、估算原则、估算方法的选择及结果）；

（10）可行性概略研究（参照《固体矿产资源储量分类》（GB/T 17766-2020）相关要求，必要时可另册编制）；

（11）结论。

2. 矿产普查报告一般应附的文件、表格、图件

矿产普查报告中主要的附件和附表为：地质勘查许可证及工作任务书等，资源量估算指标，矿石可选性或加工技术性能试验资料，地质工作质量验收材料，样品化学分析表，样品内外检结果计算表，有关岩、矿石物性测定表，水文地质调查表，推断的资源量估算表。

主要的附图包括：研究程度图，地形地质图，实际材料图，各种异常图，地球物理、地球化学、遥感推断图，矿产及预测图，主要矿体图件，资源量估算图，以及其他必要图件。

矿产普查项目提交地质成果（包括光盘）应反映客观实际。文字报告应简明扼要，重点突出，文理通顺，文、图、表吻合；图件编绘应符合有关质量要求。所提交的正式成果应经项目承担者及技术负责人签字。

四、矿产详查阶段

实践证明，预查阶段所发现的异常和矿点（或矿化区）并非都具有工业价值。经过普查阶段的勘查工作后，其中大部分异常和矿点（或矿化区）由于成矿地质条件差、工业远景不大而被否定，只有少数矿点或矿化区被认为成矿远景良好，值得进一步研究。也只有通过揭露研究，肯定了所勘查的靶区具有工业远景后，才能转入勘探。因此，勘探之前针对普查中发现的少数具有成矿远景的异常、矿点或矿化区进行得比较充分的地表工程揭露以及一定程度的深部揭露，并配合一定程度的可行性研究的勘查工作阶段，称为详查。详查阶段的工作比例尺一般为 1：2 万 ~ 1：1000，其目的是确认工作区内矿化的工业价值、圈定矿床范围。

（一）详查工作的基本原则

详查阶段在矿床勘查过程中所处的地位决定了它在勘查工作上具有普查和勘探的双重性质，即在此阶段既要继续深入地进行普查找矿，尤其是深部找矿，又要按勘探工作的技术要求部署各项工作。在工作过程中应遵循如下原则。

1. 详查区的选择

在选择详查区时，目标矿床应为高质量矿床，就是要优选矿石品位高、矿体埋藏浅、易开采和加工距离主要交通线近的矿点作为详查靶区。

详查区可以是经过普查工作圈定的成矿地质条件良好的异常区或矿化区，也可以是在已知矿区外围或深部，经大比例尺成矿预测圈出的可能赋存隐伏矿体的成矿远景地段，值得进行深部揭露。具体选区和部署工程时，可参考下面两种情况：

（1）经浅部工程揭露，矿石平均品位大于边界品位，已控制的矿化带连续长度大于50m，而且成矿地质条件有利。矿化带在走向上有继续延伸、倾向上有变厚和变富趋势；

（2）规模大的高异常区，且根据地质及地球物理、地球化学综合分析认为成矿条件很好的地区，有必要进行深部工程验证。

2. 由点到面、点面结合，由浅入深、深浅结合

这里的点是指详查揭露部位，一般范围不大，但所需揭露的部位并不是孤立的，其形成分布与周围地质环境有着紧密的联系。因此，在详查工作中必须把点与周围的面结合起来，由点入手，利用从点上获得成矿规律的深入认识和勘查工作经验，指导面上的勘查研究工作，同时又要根据面上的研究成果，促进点上详查工作的深入发展。另一方面，详查工作应先充分进行地表和浅部揭露，然后利用地表和浅部工作所获得的认识指导深部工程的探索和研究。

采用地表与地下相结合、点上与外围相结合、宏观与微观相结合、地质与地球物理以及地球化学方法相结合的研究方式，形成一个完整的综合研究系统，各方面的研究成果互相补充、互相印证。

(二)详查设计

详查设计是部署各项详查工作的依据和实施方案，也是检查各项任务完成情况的依据。因此，必须在全面收集工作区内地质、地球物理、地球化学等资料的基础上，科学合理地编制项目设计。

1. 详查设计的一般程序和要求

（1）现有资料的综合研究。在全面收集资料的基础上，应对各种资料进行认真的综合整理和分析研究，深入了解详查区内的地质特征及区域地质背景，充分认识各类异常和矿化的赋存条件及分布特征；认真分析前人的工作情况、研究程度、基本认识和工作建议等，总结前人工作的经验和教训，既要充分利用好前人的资料，又需要突破和创新。

（2）现场踏勘。为了加深对详查区地质和矿化特征的认识，在室内资料综合分析研究的基础上，设计组全体人员应到野外进行实地踏勘，重点了解工作区内主要的地质构造特征、岩性分布和露头发育程度、各类异常和矿化特征，以及地形地貌、气候和交通条件等，以便科学合理地选择勘查手段和布置工程。

（3）编制设计。在资料综合分析和现场踏勘的基础上，针对某些重大问题进行学术研讨，形成工作方案，然后编制设计。详查设计由文字报告和设计附图两部分组成。文字报告的内容一般包括区域地质、详查区地质和矿化特征、勘查手段和工程部署方案的技术思路及其要求、地质研究工作要求、取样工作要求等。在文字报告中应根据已经掌握的地质特征和矿化规律，对设计依据进行充分论证，对各项工作的技术要求进行详细阐述，对预期成果应有充分的估计。

设计附图一般包括区域地质图、详查区地形地质图、勘查工程设计总体布置图、地球物理和地球化学工作设计平面图、坑道勘查设计平面图、钻孔设计剖面图等图件。图件编制要求详见有关规范。

（4）设计审批。详查项目设计应在施工前两三个月提交上级主管部门审批。未经批准的设计不得施工；设计一经批准，不得随意更改。如遇情况变化需要更改设计时，应补报上级核准。

2. 详查设计应注意的几个问题

在设计过程中，既要注意对详查工作区进行全面研究，又要重点突破，尽快查明其工业远景以及矿化赋存规律，充分体现由点到面、点面结合，由浅入深、深浅结合的战略战术思想。因而，在设计过程中应注意以下几方面问题：

（1）勘查工程的布置应有针对性、系统性和灵活性。针对性是指工程揭露的目标要具体，明确揭露对象（如矿化体、控矿构造或岩体等）和穿透部位；第一批工程要布置在最有可能见矿的地段和部位。系统性是指工程布置要考虑勘查项目的发展情况进行总体设计，即按一定的勘查系统布置工程。灵活性是指工程定位时，在不影响设计目的和勘查效果的情况下，其地表实际位置相对于设计位置可适当位移（但最终的成果图上所标定的位置是工程竣工后的位置而不是设计位置），施工顺序也可适当变更。

（2）工程的总体设计本着由点到面、点面结合，由浅入深、深浅结合的思想，地表和浅部的揭露要充分，以便掌握规律，预测深部；深部工程应根据浅部工程获得的资料和线索顺藤摸瓜，先稀疏控制，再适当加密。

（3）设计中要把科学研究纳入项目实施的内容，确定研究专题的目的、任务和要求以及完成期限等。

（三）详查工作要求

（1）通过 1：1 万 ~ 1：2000 的地质填图，基本查明成矿地质条件，描述矿床地质模型。

（2）通过系统的取样工程、有效的地球物理和地球化学勘查工作，控制矿体的总体分布范围，基本控制主矿体的矿体特征空间分布，基本确定矿体的连续性，基本查明矿石的物质成分、矿石质量，对可供综合利用的共生和伴生矿产进行了综合评价。

（3）对矿床开采可能影响的地区（矿山疏排水位下降区、地面变形破坏区、矿山废弃物堆放场及其可能的污染区），开展详细的水文地质、工程地质、环境地质调查，基本查明矿床的开采技术条件。选择代表性地段对矿床充水的主要含水层及矿体围岩的物理力学性质进行试验研究，初步确定矿床充水的主（次）要含水层及其水文地质参数、矿体围岩岩体质量和主要不良层位，估算矿坑涌水量，指出影响矿床开采的主要水文地质、工程地质，以及环境地质问题；对矿床开采技术条件的复杂性做出评价。

（4）对矿石的加工选冶性能进行试验和研究，易选的矿石可与同类矿石进行类比，一般矿石进行可选性试验或实验室流程试验，难选矿石还应做实验室扩大连续试验。饰面石材还应有代表性的试采资料。直接提供开发利用时，试验程度应达到可供设计的要求。

（5）在详查区内，依据系统工程取样资料、有效的物化探资料以及实测的各种参数，用一般工业指标圈定矿体，选择合适的方法估算相应类型的资源量，或经预可行性研究，分别估算相应类型的储量、基础储量、资源量。为是否进行勘探决策、矿山总体设计、矿山建设项目建议书的编制提供依据。

（6）报告编写格式和要求详见中华人民共和国地质矿产行业标准《固体矿产勘查报告格式规定》（DZ/T0131-1994）。

五、矿产勘探阶段

矿产勘探是对已知具有工业价值的矿床或经详查圈出的勘探区，通过加密各种采样工程（其间距足以肯定工业矿化的连续性），详细查明矿体的形态、产状、大小空间位置和矿石质量特征；详细查明矿床开采技术条件，对矿石的加工选（冶）性能进行实验室流程试验或实验室扩大连续试验；为可行性研究和矿权转让以及矿山设计和建设提交地质勘探报告。

（一）勘查工作程度要求

通过 1：5000～1：1000（必要时可采用 1：500）比例尺的地质填图，加密各种取样工程及相应的工作，详细查明成矿地质条件及内在规律，建立矿床的地质模型。详细控制主要矿体的特征、空间分布；详细查明矿石物质组成、赋存状态、矿石类型、质量及其分布规律；对破坏矿体或划分井田等有较大影响的断层、破碎带，应有工程控制其产状及断距；对首采地段主矿体上、下盘具工业价值的小矿体应一并勘探，以便同时开采；对可供综合利用的共、伴生矿产应进行综合评价，共生矿产的勘查程度应视矿种的特征而定：异体共生的应单独圈定矿体；同体共生的需要分采分选时，也应分别圈定矿体或矿石类型。

对影响矿床开采的水文地质、工程地质、环境地质问题要详细查明。通过试验获取计算参数，结合矿山工程计算首采区、煤田第一开采水平的矿坑涌水量，预测下一水平的涌水量；预测不良工程地段和问题；对矿山排水、开采区的地面变形破坏、矿山废水排放与矿渣堆放可能引起的环境地质问题做出评价；未开发过的新区，应对原生地质环境做出评价；老矿区则应针对已出现的环境地质问题（如放射性、有害气体、各种不良自然地质现象的展布及危害性）进行调研，找出产生和形成条件，预测其发展趋势，提出治理措施。

在矿区范围内，针对不同的矿石类型，采集具有代表性的样品，进行加工选冶性能试验。可类比的易选矿石应进行实验室流程试验；一般矿石在实验室流程试验基础上，进行实验室扩大连续试验；难选矿石和新类型矿石应进行实验室扩大连续试验，必要时进行半工业试验。

勘探时未进行可行性研究的，可依据系统工程及加密工程的取样资料、有效的物化探资料及各种实测的参数，用一般工业指标圈定矿体，并选择合适的方法，详细估算相应类型的资源量。进行了预可行性研究或可行性研究的，可根据当时的市场价格论证后所确定的、由地质矿产主管部门下达的正式工业指标圈定矿体，详细估算相应类型的储量、基础储量，以及资源量，为矿山初步设计和矿山建设提供依据。探明的可采储量应满足矿山返本付息的需要。

(二) 勘查类型划分及勘查工程布置的原则

正确划分矿床勘查类型是合理地选择勘查方法和布置工程的重要依据，应在充分研究以往矿床地质构造特征和地质勘查工作经验的基础上，根据矿体规模、矿体形态复杂程度、内部结构复杂程度、矿石有用组分分布均匀程度、构造复杂程度等主要地质因素加以确定。

勘查工程布置原则应根据矿床地质特征和矿山建设的需要具体确定。一般应在地质综合研究的基础上，并参考同类型矿床勘探工程布置的经验和典型实例，采取先行控制，由稀到密、稀密结合，由浅到深、深浅结合，典型解剖，区别对待的原则进行布置。为了便于资源储量估算和综合研究，勘查工程尽可能布置在勘查线上。

一般情况下，地表应以槽井探为主、浅钻工程为辅，配合有效的地球物理和地球化学方法，深部应以岩心钻探为主；在地质条件复杂、钻探不能满足地质要求时，应尽量采用部分坑道探矿，以便加深对矿体赋存规律和矿山开采技术条件的了解，坑道一般布置在矿体的浅部；当采集选矿大样时，也可动用坑探工程；对管条状和形态极复杂的矿体应以坑探为主。

加强综合研究，掌握地质规律，是合理布置勘查工程、正确圈定矿体的重要依据。地质勘查程度的高低不仅取决于工程控制的多少，还取决于地质规律的综合研究程度。因此，要充分发挥地质综合研究的作用，防止单纯依靠工程的倾向，努力做到正确反映矿床地质实际情况。

各种金属矿床的勘查类型和勘查工程间距，应在总结过去矿床勘查经验的基础上加以研究确定。

(三) 矿床勘查深度的确定

矿床的勘查深度，应根据矿床特点和当前开采技术经济条件等因素考虑。对于矿体延深不大的矿床，最好一次勘探完毕。对延深很大的矿床，其勘查深度一般为 $400 \sim 600 \mathrm{m}$；在此深度以下，只需打少量深钻，控制矿体远景，为矿山总体规划提供资料。对于埋藏较深的盲矿体，其勘查深度可根据国家急需情况，与开采部门具体研究确定。

(四) 勘查设计

勘查设计的内容包括文字说明书和图件两部分，在有关规范中有明确的要求。文字说明书应阐明：设计的指导思想、目的任务、地质依据，探矿工程的布置，地球物理和地球化学方法的应用，设计工作量和工程施工程序，勘查质量要求和主要技术措施，所需人力、物力、财力的预算和预期的工作成果，等等。设计图件的种类和数量应根据工作任务和地质条件具体确定，一般应有矿床地形地质图、勘查工程布置图、勘查线设计剖面图以及其他论证地质依据的图件资料等。勘查设计根据其性质和任务的不同可分为总体设计、年度设计，以及补充设计。总体勘查设计是在矿床转入勘查阶段时，根据工作区的地质特点、范围大小、发展远景以及人力、物力、财力等情况，对勘查工作进行的统一安排和部署。特别是在勘查地段的顺序安排和勘查系统的选择上，既要考虑近期的勘查任务，又要兼顾矿床的将来发展远景。所以，总体设计必须按有关规范的要求周密地编制。

年度勘查设计一般是在年度勘查工作总结和认识的基础上编制。它主要叙述来年勘查工作的安排和工作部署，也要进行勘查费用和勘查成果的预测。

补充勘查设计主要是针对某些勘查工作已基本结束，但未达到预期的勘查程度，或在勘查过程中遇到某些情况变化，需要及时进行补充工作而做的勘查设计。这种设计往往属于单项工程设计或对原设计的补充。

(五) 关于储量比例

储量比例反映了对一个矿区整体的勘查程度，也必然反映了工程投入和资金投入的多少。在计划经济体制下，国家是勘查开发投资者，要求勘查者按一定的储量比例进行勘查，以求将开发投资风险降至最低。过去关于储量比例的规定有一定的经验依据，而且也可以灵活应用，但在计划经济体制下，勘查和开发工作及其投资是分部门管理，有部门利益的驱使，勘查、设计各方面都不愿意突破这一界限，使灵活的规定失去了原来的意图而变得固化。

在市场经济条件下，各类投资者都是自己承担风险，不存在计划经济条件下分部门管理的问题；现在的《固体矿产勘查规范总则》取消了各类储量比例的规定，只要求按勘查阶段确定相应类型的资源储量即可。预查阶段估算预测资源量；不具备条件时，可以不予估算。普查阶段估算推断的资源量与预测的资源量，各类资源量无比例要求。详查阶段估算相应类别的资源量，经过了预可行性研究，估算相应类别的基础储量和资源量（控制的预可采储量应达矿山最低服务年限的需要，最低服务年限由投资者确定）。勘探阶段估算相应类别的资源量，经过预可行性或可行性研究的，估算相应类别的基础储量和资源量（探明的可采储量应满足矿山返本付息的需要）。

(六) 可行性研究

1. 可行性研究的条件

满足下列条件可开展可行性研究：

(1) 具有投资者（业主）对项目进行可行性研究的委托（协议、合同）书；

(2) 具有预可行性研究成果；

（3）拟建矿山，具有达到勘探程度的勘探地质报告，或达到勘探程度能满足可行性研究所需的各种矿产地质基础资料及相应的矿石选冶加工性能试验资料；

（4）具有研究所需的其他各种技术经济资料及相关资料。

2. 可行性研究的内容和要求

（1）市场调研及预测，包括产品及主要原辅材料市场评述。要求说明该项目的必要性，确定产品的市场参数，如该矿产品的市场容量、供求状况、价格水平和走势、销售策略、销售费用等。

（2）资源条件评价，包括勘探地段矿产资源储量评述、矿石选冶加工技术性能试验及开采技术条件评述、外部建设条件评述等，这部分内容是可行性研究中最重要的部分。

（3）矿山建设方案研究，包括生产规模、厂址、产品、技术、设备、工程、原材料供应等局部方案的研究和总体方案的研究；环境影响评价劳动安全卫生、节能节水；组织机构设置及人力资源配置；建设实施进度及投产达产进度设计、建设投资估算和生产期更新投资估算、生产流动资金估算、生产成本和费用估算。应进行多方案比较、择优而定，所形成的总体方案需协调优化、化解瓶颈和消除功能过剩。

（4）经济评价，包括财务分析和评价指标计算（含不确定性分析），必要时进行国民经济评价和社会评价、风险分析和风险化解措施（有概率条件时）、资金筹措方案等。经济评价是为矿床开发项目推荐技术上可行、经济上合理、环保上允许的最佳方案，为投资决策提供所有必要的资料，包括矿产资源储量、政策、技术、工程、财务、经济、环保、商务等。

（5）结论与建议。对影响项目的关键性因素的研究结果应有肯定的结论，选定的厂址、规定的生产能力、生产大纲、原辅材料的投入、工艺技术机械设备、供水供电、建构筑物、内外部运输、组织管理机构、建设进度等都是经多方案研究后相互协调的结果，使项目的技术和经济数据都能满足投资有关各方的审查评估需要以及银行的认可。

第二节 金属矿产地质勘查工作的总体部署

矿床勘查的过程实质上就是对矿床及其矿体的追索和圈定的过程。而追索和圈定的最基本方法就是编制矿床的勘查剖面。因为只有通过矿床各方向上的剖面才能建立矿床的三维图像，从而才能正确地反映矿体的形态、产状及其空间赋存状态，有用和有害组分的变化，矿石自然类型和工业品级的分布，以及资源量/储量估算所需要的各种参数。所以为了获取矿床的完整概念，在考虑勘查项目设计思路和采用的技术路线时，必须充分考虑到各种用于揭露矿体的勘查工程手段的相互配合，并且要求勘查工程按照一定距离有规律地布置，从而构成最佳的勘查工程体系。

一、矿体基本形态类型与勘查剖面

自然界的矿体形态是变化多端的，但根据其几何形态标志，可以划分三个基本形态类型：

（1）一个方向（厚度）短、两个方向（走向及倾向）长的矿体。这一类矿体包括水平的、缓倾斜的，以及陡倾斜的薄层状、似层状、脉状及扁豆状矿体等。这种矿体在自然界出现得较多。这种形态的矿体，变化最大的方向是厚度方向。因此，在多数情况下勘查剖面布置在垂直矿体走向的方向上。

（2）无走向的等轴状或块状矿体。这类矿体包括那些体积巨大的、没有明显走向及倾向的细脉浸染状或块状矿体，如各种斑岩型铜、钼矿床和块状硫化物矿床等。这种矿体形状在三度空间的变化可视为均质状态，因而勘查剖面的方向是影响不大的，但从技术施工和研究角度出发，一般均应用两组互相垂直或呈一定角度相交的勘查剖面构成勘查网控制。

（3）一个方向（延深）长、两个方向（走向及倾向）短的矿体。这一类矿体主要是向深部延伸较大的筒状矿体或产状陡厚度较大的层状矿体等。这种矿体最重要的方法是通过水平断面图来反映矿体的地质特征。也即用水平断面在不同的标高截断矿体，然后综合各水平的断面中的矿体特征，得出矿体的完整概念。

各种勘查工程都可用于勘查揭露矿体，但它们的技术特点、适用条件及所提供的研究条件不尽相同，因而其地质勘查效果和经济效果也不相同。合理选择勘查工程可以从以下四方面加以考虑：

（1）根据勘查任务选择勘查工程。在预查、普查阶段一般以地质、地球物理和地球化学方法为主，配合槽探或浅井进行地表揭露，采用少量钻探工程追索深部矿化或控矿构造；而在详查和勘探阶段，往往以钻探和坑探工程为主，采用地球物理和地球化学方法配合。

（2）根据地质条件选择勘查工程。矿体规模大，形态简单，有用组分分布均匀，且矿床构造简单的情况下，采用钻探工程即可正确圈定矿体；如果矿体形态复杂、有用组分分布不均匀，且规模较小，则需要采用钻探与坑探相结合的方式或者采用坑探工程才能圈定矿体。

（3）根据地形条件选择勘查工程。地形切割强烈的地区有利于采用平硐勘查，而地形平缓地区则有利于采用钻探工程；如果矿体形态比较复杂，矿化不均匀，而且对勘查要求很高，则可采用竖井或斜井工程。

（4）根据勘查区的自然地理条件选择勘查工程。例如：高山区搬运钻机比较困难，可利用坑探工程；严重缺水时也只好采用坑探；地下水涌水量很大的地区只能采用钻探工程。

一般情况下，地表应以槽井探为主、浅钻工程为辅，配合有效的地球物理和地球化学方法，深部应以岩心钻探为主；当地形有利或矿体形态复杂，物质组分变化大时，应以坑探为主；当采集选矿试验大样时，也须动用坑探工程；对管状或筒状矿体以及形态极为复杂的矿体应以坑探为主。若钻探所获地质成果与坑探验证成果相近，则不强求一定要投入较多的坑探工程，可以钻探为主、坑探配合。坑探应以脉内沿脉为主，如果沿脉坑道不能揭露矿体全厚时，应以相应间距的穿脉配合进行。

二、勘查工程的布设原则

采用勘查工程的目的是追索和圈定矿体，查明其形态和产状、矿石的质量和数量以及开采技术条件等。显然，只有采用系统的工程揭露才能够达到上述目的。要使每个勘查工程都能获得最佳的地质和经济效果，在布设勘查工程时需要遵循下述原则：

（1）勘查工程必须按一定的间距，由浅入深、由已知到未知、由稀而密地布设，并尽可能地使各工程之间互相联系、互相印证，以便获得各种参数和准确地绘制勘查剖面图。

（2）应尽量垂直矿体或矿化带走向布置勘查工程，以保证勘查工程能够沿厚度方向揭穿整个矿体或矿化带。

（3）设计勘查工程时，要充分利用原有勘查工程，以节约勘查经费和时间。

（4）采用平碉或竖井等坑探工程时，设计过程中应充分考虑这些坑道能够为将来矿山开采时所利用。

（5）在勘查工程部署时，应根据勘查区不同地段和不同深度区别对待，要有浅有深、深浅结合，有疏有密、疏密结合。既要实现对勘查区的全面控制，又要达到对重点地段的深入解剖。

三、勘查工程的总体布置形式

勘查工程的总体部署是指在勘查工程布设原则指导下，将所选择的勘查工程按一定方式在勘查区内进行布置的形式。勘查工程的总体布置形式实际上是由一系列相互平行的剖面构成的勘查系统，目的是要展示矿体的三维形态和产状，满足矿山建设的需要。其基本形式有如下三种。

(一) 勘查线形式

勘查工程布置在一组与矿体走向基本垂直的勘查剖面内，从而在地表构成一组相互平行（有时也不平行）的直线形式，称为勘查线形式。这是矿产勘查中最常用的一种工程总体布置形式，一般适用于有明显走向和倾斜的层状、似层状、透镜状，以及脉状矿体。勘查线布设应考虑到下述要求：

（1）决定对一个矿体或含矿带采用勘查线进行勘查时，则最先的几排勘查线应布置在矿体或矿化带的中部，经全面详细的地表地质研究之后，并已确定为最有远景的地段，然后再逐渐向外扩展勘查线。

（2）勘查线布设需垂直于矿体走向，当矿体延长较大且沿走向产状变化较大时，可布设几组不同方向的勘查线。具体来说，矿体走向与总体勘查线方向不垂直，当夹角小于 75°（层状与脉状矿体）或夹角小于 60°（其他类型矿体）可改变局部地段的勘查线方向。

（3）勘查线布设前应在其垂直方向设置 1~2 条基线，基线间距不大于500m。同时，计算勘查线与基线交点的平面坐标及各勘查线端点坐标，按计算结果将勘查线展绘在地质平面图上，并对照现场与地质条件加以检查。

（4）勘查线应编号并按顺序排列，勘查线方向采用方位角表示。根据中国地质调查局的《固体矿产勘查原始地质编录规程》（DZ/T 0078-2015），勘查线按勘探阶段最密的间隔等距离编号。中央为 0 线，两侧分别为奇数号和偶数号。在预查普查阶段，可以预留那些暂不布置工程的勘查线。

（5）勘查线布设应延续利用前期矿产勘查布置的勘查线，加密工程勘查线应布设在前期勘查线之间。

（6）勘查工程应布置在勘查线上，因故偏离勘查线距离不宜超过相邻两勘查线间距的 5%。在勘查剖面上可以是同一类勘查工程，如全部为钻孔，或全部为坑道，而在多数情况下是各种勘查工程手段综合应用。但是，不论勘查工程是单一的或是多种的，都必须保证各种工程在同一个勘查线剖面之内。

勘查工程的编号由工程代号、勘查线号及勘查线上（包括勘查线附近）该类工程顺序号顺次连接而成。

（7）对零星小矿体构造，以及矿体边缘的控制性工程布设，可不受勘查线及其方向的控制。

（二）勘查网形式

勘查工程布置在两组不同方向勘查线的交点上，构成网状的工程布置形式，称为勘查网形式。其特点是：可以依据工程的资料，编制 2~4 组不同方向的勘查剖面，以便从各个方向了解矿体的特点和变化情况。勘查网布设时应注意以下三点：

（1）勘查网布置工程的方式，一般适用于矿区地形起伏不大、无明显走向和倾向的等向延长的矿体，产状呈水平或缓倾斜的层状、似层状以及无明显边界的大型网脉状矿体。

（2）勘查网与勘查线的区别在于各种勘查工程必须是垂直的，勘查手段也只限于钻探工程和浅井，并严格要求勘查工程布置在网格交点上，使各种工程之间在不同方向上互相联系；而勘查线则不受这种限制，且有较大的灵活性，在勘查线剖面上可以应用各种勘查工程（水平的、倾斜的、垂直的）。

（3）勘查网有以下几种网形：正方形网、长方形网、菱形网及三角形网。一般正方形和长方形网在实际工作中最常用，后两者应用较少。

正方形网用于平面上近于等向，而矿体又无明显边界的矿床（如斑岩型矿床）、产状平缓或近于水平的沉积矿床、似层状内生矿床及风化壳型矿床等。这些矿床无论矿体形态、厚度，矿石品位的空间变化，常具各向同性的特点。正方形网的第一条线应通过矿体中部的某一基线的中点，然后沿两个垂直方向按相等距离从中部向四周扩展，以构成正方形网去追索和圈定矿体。正方形网的特点在于能够用以编制几组精度较高的剖面，一般两组剖面；同时还可以编制沿对角线方向的精度稍低的辅助剖面。

长方形网是正方形网的变形。勘查工程布置在两组互相垂直但边长不等的勘查线交点上，组成沿一个方向勘查工程较密，而另一方向上工程较稀的长方形网。在平面上沿一定方向延伸的矿体，或矿化强度及品位变化明显地沿一个方向延伸较大而另一方向较小的矿体或矿带，适宜用长方形网布置工程。长方形的短边，也即工程较密的一边，应与矿床变化最大的方向相一致。

菱形网也是正方形网的一个变形。垂直的勘查工程布置于两组斜交的菱形网格的交点上。菱形网的特点在于沿矿体长轴方向或垂直长轴方向每组勘查工程相间地控制矿体，而节省一半勘查工程。对那些矿体规模很大，而沿某一方向变化较小的矿床适于用菱形网。

菱形网在其一条对角线方向加上勘查线便变成三角形网。三角形网，特别是正三角形网可能是较好的一种工程布置形式，用相同的工程量可能比其他布置形式取得较好的地质效果。尽管一些学者在理论上证明了正三角形网的优越性，但在实际工作中应用者甚为少见；可能的原因还是地质上的考虑，因为自然界的矿体有产状要素的是绝对多数，应用正方形网对了解走向和倾向方向矿体的变化比正三角形网方便得多。

总之，勘查网形的选择，既要全面研究矿区的地形、地质特点和各种施工条件，使选定的网型既能满足勘查工作的要求，又能方便于施工。

（三）水平勘查

水平勘查主要用水平勘查坑道（有时也配合应用钻探）沿不同深度的平

面揭露和圈定矿体，构成若干层不同标高的水平勘查剖面。这种勘查工程的总体布置形式，称水平勘查。

水平勘查主要适用于陡倾斜的层状、脉状、透镜状、筒状或柱状矿体。当平行的水平坑道与钻探配合，在铅垂方向也构成成组的勘查剖面时，则成为水平勘查与勘查线相结合的工程布置形式。以水平勘查布置坑道时，其位置、中段高度、底板坡度等，均应考虑到开采时利用这些坑道的要求。水平勘查坑道的布置应随地形而异。当勘查区地形比较平缓时，通常在矿体下盘开拓竖井，然后按不同中段开拓石门、沿脉、穿脉等坑道。当地形陡峭时，可利用山坡一定的中段高度开拓平硐，在平硐中再开拓沿脉和穿脉等坑道以揭露和圈定矿体。

应用水平勘查这种布置形式，可编制矿体水平断面图。

(四) 勘查工程间距及其确定方法

勘查工程间距是指最相邻勘查工程控制矿体的实际距离。工程间距也可以理解为每个穿透矿体的勘查工程所控制的矿体面积，以工程沿矿体或矿化带走向的距离与沿倾斜的距离来表示。例如，勘查工程间距为 $100m \times 50m$，意思是勘查工程沿矿体走向的距离为 $100m$，沿矿体倾斜方向的距离为 $50m$。在勘查网形式中，勘查工程间距是指沿矿体走向和倾向方向两相邻工程间的距离，因而勘查工程间距又称为勘查网度；在勘查线形式中，勘查工程沿矿体走向的间距是指勘查线之间的距离，沿倾斜的间距是指穿过矿体底板（或顶板，对于薄矿体而言）的两相邻工程间的斜距或矿体中心线（对于厚矿体而言）工程间的斜距；在水平勘查形式中，沿倾斜的间距是指某标高中段的上下两相邻水平坑道底板之间的垂直距离，又称中段高或中段间距。

勘查总面积一定时，勘查工程数量的多少反映了勘查工程密度的大小；勘查工程密度大则说明勘查工程间距小，工程密度小则说明工程间距大。因而，勘查工程间距又称为勘查工程密度。

按一定间距布置工程，实际上是一种系统取样方法。勘查工程间距的大小直接影响勘查的地质效果和经济效益：工程间距过大，则难以控制矿床地质构造及矿体的变化性，其勘查结果的地质可靠程度较低；工程间距过小，虽然提高了地质可靠程度，但勘查工作量显著增加，可能造成勘查资金的积压和浪费，并拖延勘查项目的完成时间。因此，合理确定勘查工程间距是工程总体部署和勘查过程中都需要考虑的重大问题之一。影响勘查工程间距确定的因素比较多，主要包括以下几方面：①地质因素。其包括矿床地质构造复杂程度，矿体规模大小、形状和产状以及厚度的稳定性、有用组分分布的连续性和均匀程度等。要使勘查结果达到同等地质可靠程度，地质构造越复杂、矿体各标志变化程度越大的矿床，所要求的勘查工程间距越小。②勘查阶段。不同勘查阶段所探求的资源量/储量类别不同，这种差别主要反映了对勘查程度的要求。勘查程度要求越高，工程间距越小。③勘查技术手段。相对于钻探而言，坑探工程所获得的资料地质可靠程度更高。因而，同一勘查区若采用坑道，其工程间距可考虑比钻探大一些。④工程地质和水文地质条件。勘查区工程地质和水文地质条件越复杂，所要求的勘查工程间距越小。

需要指出的是，在确定工程间距时，要充分考虑勘查区的地质特点，尽可能不漏掉具有工业价值的矿体，同时要足以使相邻勘查工程或相邻勘查剖面能够互相比对。同一勘查区的重点勘查地段与一般概略了解地段应考虑采用不同的工程间距进行控制。不同地质可靠程度、不同勘查类型的勘查工程间距，应视实际情况而定，不限于加密或放稀一倍。当矿体沿走向和倾向的变化不一致时，工程间距要适应其变化；矿体出露地表时，地表工程间距应比深部工程间距适当加密。选择工程间距的原则是依据矿床的地质复杂程度和所要求的勘查程度，目的是满足不同勘查程度对矿体连续性的要求。矿床形成的复杂性、多样性，决定了勘查工程间距的多样性。每个矿体的勘查工程间距不是一成不变的，不能简单套用相应规范附录中的参考工程间距，而应由矿产勘查项目的技术责任人员自行研究确定。论证资料应在设计和（或）报告中反映。

确定勘查工程间距的主要方法包括以下几种。

1. 类比法

类比法确定勘查工程间距，是根据对勘查区内控矿地质条件和矿床地质特征的分析研究，与现有规范中划分的勘查类型进行比对，确定所勘查矿床的勘查类型，然后参照规范中总结的该类矿床的工程间距进行确定。如果两者之间存在某些差别，可根据具体情况做适当修正。如果是在已知矿区外围或已进行过详细勘查的勘查区外围勘查同类型矿床，则可参考已知矿区或勘查区所采用的工程间距。

类比法最大的优点是易于操作，常用于勘查初期阶段。不过，根据笔者所知，国内多数地勘单位在实际工作中都倾向于采用类比法确定勘查工程间距，利用相应的间距确定资源量类别并作为转入下一勘查阶段的依据；而且，一些评审机构也是根据相应勘查类型的规范进行资源储量报告的评审。由于类比法是一种基于统计推断原理的经验性推理方法，而矿石品位和厚度等数据都是与其所在空间位置有关；此外，这种方式在较大程度上束缚了勘查地质人员的想象力，因此采用类比法确定勘查工程间距是否符合所勘查矿床的实际，还需要根据勘查过程中新获得的资料进行验证并对所确定的工程间距进行修正，切忌生搬硬套。

2. 稀空法和加密法

按照一定规则放稀工程间距（或取样间距），分析、对比放稀前后的勘查资料结果，从中选择合理勘查工程间距（或取样间距）的方法，称为稀空法。这种方法实质上也是类比法的具体应用，所获得的结果一般只能作为同一勘查区其他地段或特点类似的矿床在确定工程间距或取样间距时的参考，常用于勘探阶段。

该方法的具体操作过程概括为：首先选择矿床中有代表性的地段，以较密的间距进行勘查或采样，根据所获得的全部资料圈定矿体、估算资源储量等；然后将工程密度放稀到 1/2、1/3、1/4、…，再分别圈定矿体和估算资源储量等，通过分析对比不同间距所确定的矿体边界、估算出的平均品位或资源储量以及它们之间的误差大小，从中选择误差不超过矿山设计要求的合理的工程间距，再将此间距推广应用至所勘查矿区的其他地段。

加密法与稀空法原理相似，但在具体操作上不同。加密法是在勘查区内有代表性的地段加密工程，根据加密前后的勘查成果分别绘制图件和估算资源储量；经对比，如果前后圈定的矿体形态变化不大、资源储量误差也未超出允许范围，即可说明原定勘查网度是合理的；反之，则表明原定网度太稀，应相应加密。

3.统计学方法

最佳工程间距（勘查网度）的目的是要以一个合理的精度水平提供需要控制人矿体规模和品位工程数或样本大小。毫无疑问，探明的资源储量比控制的和推断的工程间距更小。

如果地质边界已经确定，而且如果资源储量估算中每个样品的影响范围与实际影响范围吻合，那么最佳化就容易实现。影响范围在几何学上常常与相邻样品有关，可是如果两相邻样品在某个可接受的信度水平上不相关，在两者之间的范围内没有一个事实上可以预期的实际和可度量的影响，它们甚至可能不属于同一个矿体。显然，如果相邻样品表现出显著的相关性，说明工程控制达到了目的，影响范围可以确定，进一步加密工程将是浪费。

确定工程或样品影响范围及适合工程或样品间距的方法有多种。例如，除上面提到的稀空法和加密法外，还有相关系数、均方逐次差检验、区间估计等统计学方法。

利用相关系数估计样品的影响范围，其基本思路是，如果工程品位值序列的相关系数接近于1.0，说明品位之间具有显著的相关性，工程之间没有必要再加密。如果工程位于影响范围之外，则它们的品位值表现出显著的不相关，即品位相关系数接近于0。

均方逐次差检验方法与上面提到的稀空法以及即将涉及的地质统计学方法的原理具有一定的相似性，即按照不同的间距将工程的品位数据分组，检验每个组与相邻组数据之间的独立性；不相关组之间的间距表明品位最大影响范围。

取样间距也可以联系到给定的精度范围内估计平均厚度或平均品位所需要补充的工程数或样品数来进行考虑，这实际上利用了区间估计的原理（读者可参考有关统计学的教材）。

4.地质统计学方法

经典统计学认为总体的变量值是随机分布的，而地质统计学则认为变量值与其所在的空间位置有关。随时间或空间变化的变量称为区域化变量，这种变量常常是许多自然现象的特征。例如，品位和厚度都是区域化变量，它们是矿化体的特征。区域化变量强调了两方面的特征：①随机性变化，解释局部性变化特征；②结构性变化，反映了所研究现象的大尺度变化趋势。

矿产勘查取样是指按照一定要求，从矿石、矿体或其他地质体中采取一定容量的代表性样本，并通过对所获得样本中的每个样品进行加工，化学分析测试、试验，或者鉴定研究，以确定矿石或岩石的组成、矿石质量（矿石中有用和有害组分的含量）、物理力学性质、矿床开采技术条件以及矿石加工技术性能等方面的指标而进行的一项专门性的工作。

第三节　金属矿产勘查取样及分析测试

一、矿产勘查取样

(一) 矿产勘查取样的定义

在矿产勘查学中应用统计学理论时，我们应当意识到样本的统计学定义与其在矿产勘查中的相应定义之间的差异：在统计学中，样本是一组观测值；而在矿产勘查学中，样本是矿化体的一个代表性部分，分析其性质是为了获得某个统计量，如矿化体品位或厚度的平均值。矿产勘查取样需要统计学理论的指导，但其研究对象和研究内容具有特殊性，而且必须借助于一定的技术手段才能获得相关的样品。

(二) 矿产勘查中常用的采样方法

采样是矿产勘查取样的一个基本环节，矿产勘查各阶段都必须进行采样工作。由于采样目的和所采集的样品种类、数量以及规格不同，所采用的采样方法也有所不同。常用的采样方法主要有以下几种。

1. 打 (拣) 块法

打块法是在矿体露头或近矿围岩中随机 (实际工作中却常常是主观) 地凿 (拣) 取一块或数块矿 (岩) 石作为一个样品的采样方法。这种方法的优点是操作简便，采样成本低。在矿产勘查的初期阶段，利用这种方法查明矿化的存在与否，所采集的往往是最有可能矿化的高品位样品，因而在有关打 (拣) 块取样结果的报告中一般采用高的术语来描述，如拣块样中发现含金高达 30g/t。这种情况下获得的品位不是矿化体的平均品位，只能表明矿化的存在而不能说明其经济意义，并且这种方法也不能给出矿化的厚度。在矿山生产阶段，常常利用网格拣块法（即在矿石堆上按一定网格在结点上拣取重量或大小相近的矿石碎屑组成一个或几个样品）或多点拣块法（即在矿车上多个不同部位拣块组合成一个样品）采样进行质量控制。

2. 刻槽法

在矿体或矿化带露头或人工揭露面上按一定规格和要求布置样槽，然后采用手凿或取样机开凿槽子，再将槽中凿取下来的矿石或岩石作为样品的采样方法称为刻槽法。刻槽取样的目的是要确定矿化带或矿体的宽度和平均品位，样槽可以布置在露头上、探槽中，以及地下坑道内。样槽的布置原则是样槽的延伸方向要与矿体的厚度方向或矿产质量变化的最大方向相一致，同时要穿过矿体的全部厚度。当矿体出现不同矿化特点的分带构造时，为了查明各带矿石的质量和变化性质，需要对各带矿石分别采样，这种采样称为分段采样。

样品长度又称采样长度，是指每个样品沿矿体厚度或矿化变化最大方向的实际长度。例如，对于刻槽法采样，样品长度即为每个样品所占有的样槽长度；而对于钻探采样来说，则是每个样品所占有的实际进尺。在矿体上，样槽贯通矿体厚度；当矿体厚度大时，样槽延续可以相当长。样品长度取决于矿体厚度大小、矿石类型变化情况和矿化均匀程度、最小可采厚度和夹石剔除厚度等因素。当矿体厚度不大，或矿石类型变化复杂，或矿化分布不均匀时，当需要根据化验结果圈定矿体与围岩的界线时，样品长度不宜过大，一般以不大于最小可采厚度或夹石剔除厚度为宜。当工业利用上对有害杂质的允许含量要求极严时，虽然夹石较薄，也必须分别取样，这时长度就以夹石厚度为准。当矿体界线清楚、矿体厚度较大、矿石类型简单、矿化均匀时，则样品长度可以相应延长。

样槽断面的形状主要为长方形。样槽断面的规格是指样槽横断面的宽度和深度，一般表示方法为宽度 × 深度。

影响样槽断面大小的因素有：

（1）矿化均匀程度。矿化越均匀，样槽断面越大；反之，越小。

（2）矿体厚度。矿体厚度大时，断面可小些，因为小断面也可保证样品具有足够重量。

（3）当有用矿物颗粒过大、矿物脆性较大、矿石过于疏松时，需适当加大样槽断面。

这几个因素要全面考虑，综合分析，不能根据一个因素而决定断面大小。一般认为起主要作用的因素是矿化均匀程度和矿体厚度。

样品长度和样槽断面规格可利用类比法或试验法确定。

刻槽法主要用于化学取样，适用于各种类型的固体矿产，在矿产勘查各个阶段获得广泛应用。

3. 岩（矿）心采样

岩（矿）心采样是将钻探提取的岩（矿）心沿长轴方向用岩心劈开器或金刚石切割机切分为两半或四份，然后取其中 1/2 或 1/4 作为样品，所余部分归档存放在岩心库。

岩（矿）心采样的质量主要取决于岩（矿）心采取率的高低。如果岩（矿）心采取率不能满足采样要求时，必须在进行岩（矿）心采样的同时，收集同一孔段的岩（矿）粉作为样品，以便用两者的分析结果来确定该部位的矿石品位。

4. 岩（矿）屑采样

岩（矿）屑采样是使用反循环钻进或冲击钻进方式收集岩（矿）屑作为样品的采样方法，主要用于确定矿石的品位以及大致进行岩性分层。

5. 剥层法采样

剥层法采样是在矿体出露部位沿矿体走向按一定深度和长度剥落薄层矿石作为样品的采样方法，适用于采用其他采样方法不能获得足够样品重量的厚度较薄（小于 20cm）的矿体或有用组分分布极不均匀的矿床，剥层深度为 5~15cm。该方法还可验证除全巷法外的采样方法的样品质量。

6. 全巷法

地下坑道内取大样的方法称为全巷法，是在坑道掘进的一定进尺范围内采取全部或部分矿石作为样品的一种取样方法。全巷法样品的规格与坑道的高和宽一致，样长通常为 2m，样品重量可达数吨到数十吨。

全巷法样品的布置：在沿脉中按一定间距布置采样；在穿脉坑道中，当矿体厚度不大时，掘进所得矿石作为一个样品；当厚度很大时，则连续分段采样。

全巷法样品采取方法是：把掘进过程中爆破下来的全部矿石作为一个样品；或在掌子面旁结合装岩进行缩减，采取部分矿石，如每隔一筐取用一筐，或每隔五筐取用一筐，然后把取得的矿石样合并为一个样品，或在坑口每隔一车或五车取一车，再合并为一个样品。取全部或取部分以及如何取这部分，这些问题应根据取样任务及其所需样品的重量来决定。取样要求坑道必须在矿体中掘进，以免围岩落入样品而使矿石品位贫化。

全巷法取样主要用于技术取样和技术加工取样，如用来测定矿石的块度和松散系数；用于矿物颗粒粗大，矿化极不均匀的矿床的采样（对这种矿床剥层法往往不能提供可靠的评价资料），如确定伟晶岩中的钾长石，云母矿床中的白云母或金云母，含绿柱石伟晶岩中的绿柱石，金刚石矿床中的金刚石，石英脉中的金、宝石、光学原料、压电石英等的含量。另外，还用于检查其他取样方法。

全巷法采样在坑道掘进同时进行，不影响掘进工作，样品重量大，精确度高等，是其优点；缺点是采样方法复杂，样品重量巨大，加工和搬运工作量大，成本高。所以，只有当需要采集技术加工和选冶试验样品以及其他方法不能保证取样质量时才采用此方法。

采集大样除利用地下坑道外，还可利用大直径岩心、浅井等勘查工程进行采集。

7. 用 X 射线荧光分析仪现场测量代替某些取样工作

X 射线荧光分析仪是应用物理方法测定矿石中元素（原子序数大于 20 的元素）含量的仪器。采用这种方法可以取代部分矿石样品的化学分析，其操作方式是利用便携式 X 射线荧光分析仪在现场直接测量。荧光分析仪在现场直接测量矿石中有用元素特征的 X 射线强度值，然后计算出矿样中元素的品位值。

（三）采样方法的选择

在矿产勘查中往往需要多种采样方法配合使用，而这些方法的选择首先需要根据勘查项目的目的以及所采用的勘查技术手段来确定。例如，钻探工程项目只能采用岩心采样和岩屑采样，槽探采用刻槽取样，坑探工程可采用刻槽法、打（拣）块法、全巷法等。其次，还要考虑矿床地质特征和技术经济因素。例如，矿化均匀的矿体可采用打（拣）块法或刻槽法，而矿化不均匀的矿体则可能需要采用剥层法或全巷法进行验证；打（拣）块法和刻槽法的设备简单，操作简便且成本低，而剥层法和全巷法的成本高，效率低。因此，选择采样方法的原则，是在满足勘查目的的前提下尽量选择操作简便、成本低、效率高，而且样品代表性好的方法。

（四）采样间距的确定

沿矿体或矿化带走向两相邻采样线之间的距离，称为采样间距。采样间距越密，样品数量越多，代表性越强，但采样、样品加工，以及样品分析的工作量显著增大，成本相应增高。另一方面，采样间距过稀，样品数量不足，难以控制矿化分布的均匀程度和矿体厚度的变化程度，达不到勘查目的。

矿化分布较均匀、厚度变化较小的矿体，可采用较稀的采样间距。反之，则需要采用较密的采样间距才能够控制。一般情况下，采样间距与勘查工程网度直接相关，确定合理勘查网度的方法也可用于确定合理采样间距，基本方法仍然是类比法、试验法、统计学方法等。

二、样品分析、鉴定、测试结果的资料整理

（一）样品的采集和送样

样品采集后，要仔细检查和整理采样原始资料。具体工作包括：①在送样前要确认采样目的已达到设计和有关规定的要求；②所采样品应具有代表性，能反映客观实际；③采样原则、方法和规格符合要求；④各项编录资料齐全准确；⑤确定合理的分析、测试项目；⑥样品的包装和运送方式符合要求。

采集标本应在原始资料上注明采集人、采集位置和编号。标本采集后，应立即填写标签和进行登记，并在标本上编号以防混乱。对于特殊岩矿标本或易磨损标本应妥善保存，对于易脱水、易潮解、易氧化的标本应密封包装。需外送试验、鉴定的标本，应按有关规定及时送出。一般的岩矿化石鉴定最好能在现场进行。阶段地质工作结束后，选留有代表性和有意义的标本

保存，其余的可精简处理。标本是实物资料，队部（公司）和矿区都应有符合规格要求的标本盒、标本架（柜）和标本陈列室。

样品要使用油漆统一编号。样品、标签、送样单三者编号应当一致，字迹要清楚。送样单上要认真填写采样地点、年代、层位、产状、野外定名和岩性描述等内容，并注明分析鉴定要求。

对需要重点研究或系统鉴定的岩矿鉴定样品，必须附有相应的采样图。委托鉴定的疑难样品，应附原始鉴定报告和其他相应资料。

（二）样品分析鉴定、测试结果的资料整理

收到各种分析、鉴定或其他测试结果后，先做综合核对，注意成果是否齐全，编号有无错乱，分析、鉴定、测试结果是否符合实际情况。如果发现有缺项，则应要求测试单位尽快补齐。若出现错乱或与实际情况不符，应及时补救或纠正；有时需要重采或补采样品，再做分析或鉴定。在确认资料无误后，才登入相关图表，交付使用。

对分析、鉴定的成果资料要按类别、项目进行整理。一般先进行单项的分析研究，找出其具体的特征，再进行项目的综合分析、相互关系的研究，编制相应的图件和表格。同时，校正岩石和矿物的野外定名，进一步研究地层、岩石、矿化带的划分和矿体的圈定及分带，以及确定找矿标志等；必要时，对已编制图件的地质和矿化界线进行修正。

由于样品的化验鉴定成果对于综合整理研究工作十分重要，在项目多、工种复杂、样品数量较大的分队（或工区），可设专人负责管理这项工作。

（三）矿石质量研究

根据不同矿床的矿石特点，合理选择各种测试项目，并随着工作的深入，做必要的修改和调整。同时，根据勘查任务和设计要求，及时研究矿石物质成分。对于有些矿种还应着重研究矿物组成与化学成分之间的相关关系以及某些物理性能，并利用分析测试结果，编制 $1 \sim 3$ 条有用组分变化规律的剖面图和必要的综合图表或变化曲线图，以及开展诸如相关分析、品位变化系数以及其他数理统计方面的数据处理，达到了解矿石中有益、有害组分在不同部位、不同深度的赋存状态及其变化规律，以及其他一些特征或指标

的分布和变化特征。

根据矿石物质组分的分析资料，结合矿石加工技术特性，划分矿石的自然类型、工业类型和品级，查明它们的分布规律和所占比例。这些资料是进一步采集加工技术试验样品和分类型或品级、估算资源量／储量的依据。划分结果还应在相应的勘查线剖面图、矿体纵投影图或其他图件上展示出来。

加工技术取样一般是在勘探阶段进行，但是对于复杂类型或新类型矿石，在详查阶段即应进行研究，以便做出合理的评价。随着勘查工作的进展，矿石的加工技术研究也逐渐深入，试验规模也将加大。除主体矿石类型外，技术性能较特殊的矿石类型也应做较详细的研究。同时，应收集矿区内开采生产过程中的选矿经济技术指标，进行综合分析对比。根据试验研究结果，应对原来矿石类型划分方案做相应的修改补充。

第四节　金属矿产资源量／储量的分类系统

在矿产勘查过程中，人们对矿床的研究和认识是随着勘查工程控制的程度而逐步深入的。不同类型的矿床、不同勘查阶段、工程的控制程度不同，所估算的矿产资源储量的可靠程度不同，其所提供资料的作用也不同。因此，有必要将矿产资源储量按其控制和可靠程度分为不同的类别。一般来说，资源储量按地质控制精度分级，按技术经济可利用性分类。目前，大多数国家都把这种分类标准框架称为资源量／储量分类系统，把地质精度与经济可行性均作为资源量／储量分类的因素考虑。

资源储量类别是由国家有关部门或行业协会制定的，用作统一区分和衡量矿产资源储量精度（或可靠程度）与技术经济可利用性的标准。资源储量类别划分的目的，是为了便于国家与矿山企业正确掌握矿产资源，统一矿产资源储量的估算、审批、统计和用途，更加经济合理地做好矿产地质勘查工作。因此，明确各类资源储量的工业用途具有重要意义。

国际上，随着矿业全球化进程的加快，勘查（矿业）公司需要拓宽和建立有效的融资途径，股市投资者要求提供透明并且容易理解的信息，显然有必要建立国际上可接受的披露矿产资源储量报告的标准。

一、我国矿产资源储量分类系统

(一)固体矿产资源量／储量的概念

固体矿产资源是在地壳内或地表由地质作用形成的具有经济意义的固体自然富集物,根据产出形式、数量和质量可以预测最终开采技术上的可行性与经济上的合理性。其位置、数量、品位／质量、地质特征是根据特定的地质依据和地质知识计算和估算的。按照地质可靠程度,可分为已发现矿产资源和未发现矿产资源。

(1)未发现矿产资源。它是指根据地质依据和物化探异常预测的,未经查证的那部分固体矿产资源。

(2)已发现矿产资源。已发现矿产资源是经勘查工作已发现的固体矿产资源量的总和;定义为在地壳中或地壳上富集或产出的、具有内蕴经济意义的物质,其质量和数量具有最终经济提取的合理前景,包括原地的矿化物质、采出的矿堆物质和尾矿物质。它们可以通过勘查和取样来圈定并估算资源量,通过可行性研究或预可行性研究将其转换为储量。凡不具有最终经济提取合理前景的物质,不在已发现矿产资源之列。

依据地质可靠程度和可行性评价所获得的不同结果,固体矿产资源储量可分为储量、基础储量和资源量三类。

资源量是指已发现矿产资源中,除基础储量以外的其余部分,包括经可行性研究或预可行性研究认定为不经济的部分和未经可行性研究或预可行性研究的内蕴经济的资源量,以及预测的资源量。

储量是指基础储量的一部分。地质可靠程度为探明的和控制的,在预可行性研究、可行性研究或编制年度采掘计划当时,经过了对采矿、冶金、经济、市场、法律、环境、社会和政府等诸因素的研究及论证,结果表明在当时是经济可采或已经开采的部分。储量不包含采矿过程中的损失和混入的贫化物质。依据地质可靠程度和可行性评价阶段不同,又可分为证实储量和可信储量。

报告储量时,有关选矿和加工回收率的因素是非常重要的。在市场条件变化的情况下,储量的数字可能会随之发生相应的变化。

在过去我国固体矿产地质勘查中，"储量"一词的含义是指原地储藏量，而且在勘查各阶段各种地质可靠程度（甚至预测资源），均只使用一个名词，这与国际上市场经济矿业大国使用的储量的含义相去甚远。现在的分类抛弃了原储量分类的储量的含义，"储量"一词严格地只用于经济可采部分，与国际通用的储量概念接轨。

基础储量是发现矿产资源的一部分，它能满足现行采矿和生产所需的指标要求（包括品位、质量、厚度、开采技术条件及其他限制开采的因素等）。经过详查、勘探所获控制的探明的资源量，通过可行性研究或预可行性研究，圈出包含证实储量和可信储量的全部原地资源量，以及经过可行性或预可行性研究论证，经济评价指标具有边际经济意义（如内部收益率大于0）的资源量，均划入经济的基础储量范畴。在市场条件变化的情况下，储量数字可能随价格波动，而基础储量的数字相对保持稳定。基础储量主要用于国家的矿产开发监管、矿产资源统计、规划和政策研究。

（二）地质可靠程度

地质可靠程度反映了矿产资源量的精度，与工程控制程度及矿体的复杂程度有关，在分类框架中用 G 轴表示。对矿体连续性的控制程度要求是衡量地质可靠程度的重要标准，根据地质可靠程度分为预测的、推断的、控制的和探明的四个级别的资源量。

（1）预测的资源量。它是指对具有矿化潜力的地区，经过预查获得的资源量。即充分收集区内地质、物探化探、遥感等各种信息，经分析、类比，预测为由矿化引起的异常，或由矿化蚀变带、矿点露头、极少量工程见矿等显示有矿化的地段。只有在有足够的数据并能与地质特征相似的已知矿床类比时，才能估计预测的资源量。

（2）推断的资源量。它是指对普查区按照普查的要求，在大致查明矿产的地质特征，大致控制了矿体（矿点）的展布特征、质量（品位）的基础上探获的资源量；也可以是据更高一级资源量合理外推的资源量。由于信息量有限，不确定因素多，矿体的连续性是推断的，矿产资源数量的估计所依据的数据有限，可信度低。

由于推断的资源量的地质可靠程度低，不能保证在继续勘查后，其全部或任何一部分能被提升为控制的资源量，因此推断的资源量同任何矿石储量类型均无直接联系，不能作为可行性研究或预可行性研究中确定矿山生产能力和服务年限的依据，只可用于矿山远景规划。

（3）控制的资源量。它是指对矿区的一定范围依照详查的要求，基本查明了矿床的主要地质特征，基本控制了主要矿体的形态、产状、规模、矿石质量、品位，矿体的连续性是基本确定的（具有一定的多解性），矿产资源数量估计所依据的数据较系统，可信度较高。控制的资源量的地质可靠程度较高，由于采用系统工程控制，矿床中矿体的空间分布范围及主矿体的规模形态产状、矿石特征已基本控制，资源量估计的可靠程度足以满足开展项目的预可行性研究，可作为开发决策的基础。对于确定勘查类型所依据的主要地质因素都简单的矿床，或经济价值不高的矿床，或者矿体形态特征很复杂只能边探边采的矿床，也可利用控制的资源量，开展概略研究或预可行性研究，可作为矿山建设的依据。

（4）探明的资源量。它是指对矿区的勘探范围依照勘探的要求，详细查明了矿床的地质特征，详细控制了主要矿体的形态、产状、规模、矿石质量、品位，矿体的连续性已经确定，矿产资源数量估计所依据的数据详细，可信度高。由于探明的资源量的地质可靠程度高，矿体连续性是确定的，矿石的质量和数量误差被限定在很小的范围内，其变化不会对投资估计的精确度产生显著的影响，所以可作为可行性研究和矿山建设依据。

（三）可行性研究

可行性研究分为概略研究、预可行性研究、可行性研究 3 个阶段，在分类框架中采用 F 轴表示。

（1）概略研究。它是指对矿产资源开发项目的投资机会研究，是对矿产开发经济意义的概略评价。主要依据普查所获矿产资源信息与同类型已知矿床（山）从矿体规模、矿石物质组成及质量、生产技术条件等方面进行类比，客观评述普查区内矿产资源的优劣及未来开发的可行性；结合普查区自然经济条件、建设条件、环境保护等因素，以我国类似矿山企业或授权机构发布的技术经济指标为参数，做出概略的技术经济评价，鉴别有无投资机会。所采用的矿石品位、矿体厚度、埋藏深度等指标，通常是我国矿山几十年来的经验数据，采矿成本是根据同类矿山生产估计的。由于概略研究一般缺乏准确参数和评价所必需的详细资料，所以所估计的资源量只具内蕴经济意义。

（2）预可行性研究。它是指对矿产开发项目可行性的初步评价。受工作阶段的限制，通常可依据有关宏观信息和在可能条件下所搜集到的资料开展工作，目的是从总体上、宏观上对项目建设的必要性、建设条件的可行性以及经济效益的合理性进行初步研究和论证。其结果可以为该矿床是否进行勘探或可行性研究提供决策依据。进行这类研究通常应经过详查或勘探，采用参考工业指标估计获得的矿产资源量数据、实验室规模的加工选冶技术试验资料以及通过价目表或类似矿山开采对比所获数据估计成本。预可行性研究内容与可行性研究相同，但详细程度次之，其误差应控制在 ±25%。当投资者为选择拟建项目而进行预可行性研究时，应选择适合当时市场价格的指标及各项参数，且论证项目应尽可能齐全。

预可行性研究需要评价各种备选方案并进行排序，从中选择最佳的方案，同时还需评价个别参数的变化可能对项目的敏感性。预可行性研究包括了取样和技术试验；经过预可行性研究后，控制的和探明的资源量可以相应地转化为储量。同时，采矿方法和生产率也已经选定，半工业性试验结果可能论证了产品的提取过程是可行的；矿山建设，劳动力的需求以及矿山开采对周围环境的影响也都进行了评价；基本建设投资和生产成本进行了详细的预算，如采矿和选矿方法的变更、各种生产率水平的效应等方面的敏感性分析也已经完成。在决策过程中，社会和环境方面的综合考虑是最重要的因素，根据社会和环境底线的研究结果预测和评价可能的影响。经过综合评估后，选择具有风险最低、价值最高的方案作为可行的方案。

（3）可行性研究。它是对矿产开发项目可行性的详细评价，对投资项目的技术、工程、经济进行深入、全面分析和多方案比较，进一步确认预可行性阶段优选出的技术和生产经营方案并使其价值达到最大化，从而对投资项目做出论证和评价。其结果可以详细评价投资项目的技术经济可靠性和科学性，所提出投资估计的精确度要控制在与初步设计概算的出入不得大于10%。可行性研究所采用的成本数据精确度高，通常依据勘探所获的储量数据及相应的加工选冶技术性能试验结果，其成本和设备报价所需各项参数是当时的市场价格，并充分考虑了采矿、冶金、经济、市场、法律、环境、社会和政府的相关政策等各种因素的影响，具有很强的时效性。

可行性研究是矿山投资决策的重要环节，研究结果可作为投资决策的依据。将可行性评价作为分类的重要条件，强化了资源储量的经济意义。

二、矿体空间连续性

(一) 连续性的重要性及其定义

矿体的空间连续性是矿体地质研究的主要内容。在 JORC 和其他资源储量分类规范中，连续性都是极为关注的主题，新修订的《固体矿产资源/储量分类》(征求意见稿) 中也对矿体连续性进行了定义。矿产资源储量估值的质量在很大程度上与地质和品位连续性和确定性有关，它们确定了岩性和矿化单元之间的边界类型，并提供了对地质域内不同品位分布的理解。连续性解释了长程和短程变化性，提供了产生空间异向性变化的原因，并且是理解矿体内品位行为的基础。从资源储量的估值方面，连续性一般可分为两种类型：地质连续性、品位 (或其他质量特征) 连续性。

(1) 地质连续性。赋存矿化的地质构造或岩相带的几何连续性 (如矿体厚度沿走向及其沿倾斜方向的连续性) 的控制程度。地质的连续性取决于对含矿层位、相带、构造、矿化方向的控制程度、研究和判断。

(2) 品位 (或其他质量特征) 连续性。存在于某个特殊地质带内的品位 (或其他质量特征) 连续性的控制程度。品位的连续性需要在研究品位空间变化的基础上，通过适当工程间距的采样测试，确定其连续性。

地质和品位连续性的评价是资源量建模的综合部分，地质连续性对于矿石吨位的估计有重要的意义，尤其重要的是要记住地质连续性是一个三维的特征。某个矿体在垂向和水平方向上可能有很好的整体连续性，然而如果其厚度在局部范围内是极不稳定的，那么当钻孔密度不足以控制这样的变化时，吨位估值的可靠性就会显著降低。至于品位连续性对于品位估计的影响来说是显而易见的。通常可利用勘查线剖面图、水平断面图和纵投影图对矿体连续性程度做出判断；品位连续性还可以利用变差函数进行定量描述，变差函数不仅定义了品位总体的变化性 (基台值)，而且给出了指定方向上数据的影响范围 (变程) 和块金效应。

(二) 矿体空间连续性的描述

对矿体空间连续性的控制，通常是根据影响矿体的主要地质因素所划分的勘查类型确定矿体的复杂程度，并通过不同的勘查方法和手段，选择合理的工程间距来实现。最直接的手段是在槽、井、坑、钻等工程中，通过采样测试，依据圈矿指标确认工程中矿体 (层) 的位置，再按地质规律分析对比，将属于同一个矿体的各工程中的见矿位置连在一起，反映出单个矿体的空间范围和形态。对矿体的控制程度，不是单靠工程间距，也不是工程越密越好，更重要的是研究程度，即是否揭示了矿体赋存的内在规律。

随着研究程度的提高和工程间距的加密，连续性将变得越来越可靠。因此，不同勘查阶段对矿体连续性的控制程度要求不同，可分为确定的连续性、基本确定的连续性、推断的连续性三个级别。

(1) 确定的连续性。它是指对主矿体部署的工程，充分考虑了主要地质因素对矿体的影响，符合地质规律，其分布范围、形态、品位的空间变化已经详细控制。总体上不存在多解性。地质连续性和品位连续性已经确定的资源量归属于探明的资源量。

(2) 基本确定的连续性。它是指对研究区内矿体的总体分布范围已经基本查明，对主矿体部署的工程较充分地考虑了主要地质因素对矿体的影响，空间分布范围、形态、品位的空间变化已经采用了系统工程控制。主矿体的连接基本确定，但部分品位、厚度、形态、产状变化较大的地段尚存在一定的多解性，需要通过加密工程来解决。地质连续性和品位连续性基本确定的资源量归属于控制的资源量。

(3) 推断的连续性。它是指由于投入的工程有限，地表只是稀疏工程控制，深部有工程证实，矿体的连接是推断的，未经证实，带有相当大的假设成分。地质连续性和品位连续性为推断的资源量。

第三章　找矿预测及靶区优选

第一节　国内外找矿预测现状

找矿预测实质上是人们对发生在过去的成矿事件感兴趣的未知特征做出的一种主观估计和推断，也是一种严密的科学逻辑思维过程（曹新志等，2003）。如何发现新的矿产资源，在哪里有所需要的质量和数量的矿产，即在哪里进行地质勘探工作，这就是找矿预测的根本任务（肖克炎等，2006）。在长期的矿产勘查过程中，人们已经充分认识到矿床预测理论对指导矿床预测、科学决策的重要性，自觉不自觉地进行找矿预测理论的研究（王明志等，2007）。作为对各种成矿信息进行深入研究和综合分析重要手段的找矿预测方法，是关系到预测成败的重要问题，一直为国内外矿产勘查学者所关注。国内外找矿预测大致经历了以下 3 个主要阶段。

一、定性预测阶段

早期的矿产预测往往是根据简单的地表露头地质标志，进行定性的矿产评价。由于找矿勘探的需要，找矿预测于 20 世纪四五十年代得到蓬勃发展。国外从 20 世纪 50 年代起，就开始对此问题进行大量研究，取得了一系列成果；在此基础上发展了找矿预测学，提出了一些找矿预测方法与分类方案。苏联地质学家毕利宾、斯米尔诺夫、费尔斯曼、科罗列夫，以及欧美国家的吉尔德、纽豪斯、艾孟斯、鲁蒂埃等为该学科发展进行了许多有开创性的工作（朱裕生等，1997）。在 20 世纪 50 年代，矿产预测理论提出了"矿产资源量同地质条件之间的定量关系数学模型"的认识（朱裕生，2006）。

二、定量评价阶段

进入 20 世纪五六十年代，各国的学者都在不断地研究和尝试新的方法。

阿莱斯、哈里斯、格里菲斯、康斯坦丁诺夫等人先后进行了单变量资源评价方法探索。至20世纪70年代末，国际上应用《矿产资源评价中计算机应用标准（IGP98项）》实施了国际地质科学联合会第98项计划，此计划推出了6种标准的矿产资源定量评价方法，即区域价值估计法、体积估计法、丰度估计法，矿床模型法、德尔菲法和综合方法，标志着定量评价进入实用阶段（薛顺荣等，2001）。我国黄汲清院士的"大地构造多旋回成矿理论"、陈国达院士的"地洼区成矿理论"、李四光院士的"地质力学分析理论和方法，构造体系的控矿规律研究"、程裕淇和陈毓川院士的"成矿系列理论"、赵鹏大院士的"地质异常理论"、涂光炽院士提出的"矿床多成因、多来源、多阶段成矿"观点等，将我国的矿床研究提高到一个新的阶段，进一步发展了成矿预测理论，在矿产预测工作中积累了大量的实践经验。

三、地理信息技术（GIS）和人工智能广泛应用阶段

20世纪七八十年代发展起来的处理空间数据的地理信息技术（GIS）有效地解决了地学信息技术应用的障碍，在地球科学各个研究和应用领域得到了前所未有的广泛应用。对地质、地球化学、地球物理、遥感等海量专题信息，通过计算机定量方法研究、各种多源信息与矿床资源潜力的关系模型等技术进行分析，以达到对未知区的定位、定量评价的目的，达到对未知区的定位、定量评价的目的。

加拿大测量学家R.F.Tomlinson（1963）首先提出了地理信息这一术语，并建立了世界上第一个GIS——加拿大地理信息系统（CGIS）（1971），用于自然资源的管理和规划（杜灵通、吕新彪，2003）。早期应用大多数是借助于栅格图像综合叠加布尔运算功能，来研究勘查综合信息与矿产关系。

后期多元统计方法和计算机技术被广泛应用于成矿预测中。除常规判别、回归因子等统计方法，还有Botbol等提出的特征分析法和P.M康斯坦丁诺夫等提出的逻辑信息法（薛顺荣等，2008）。进行地质经验类比的定性评价与数学统计的定量评价两种不同评价开始汇集为统一的系统评价，成矿规律、矿床模式、多元统计、专家系统、计算机系统等已融为一体，标志着地理信息技术定量评价进入实用阶段。主要方法与技术发展阐述如下：

（1）20世纪70年代后期，加拿大学者F.P.Agterberg及美国学者Duda将

人工智能技术引入找矿预测，编制了矿产资源预测专家系统。美国斯坦福国际人工智能研究所于1976年开始研制地学领域内的第一个专家系统——PROSPECTOR，用于勘探矿藏的专家系统，9位专家为该系统提供了专业知识和经验。1982年，该系统在华盛顿州的Tolman山脉附近确定了钼矿，获得了较好的效益。此外，美国的石油资源评价专家系统及斯伦贝谢跨国测井公司研制的地层倾角测井资料处理解释咨询系统（DipmcterAdvisor）已在油气勘探和开发中取得了很好的效果。

（2）加拿大数学地质学家F.P.Agterberg提出了一种地学统计方法——证据权重法。它采用一种统计分析模式，从多源地学数据出发，统计研究区的定量找矿标志组合来进行矿产远景区的预测。F.P.Agterberg和Qiuming Cheng又进一步对应用证据权预测时条件独立性检验做了深入分析。该方法所反映的矿产资源评价思路也是近年来在矿产资源预测评价中占有重要地位的方法之一，目前在我国成矿预测实践中也得到了广泛的应用。张晓军等（2000）将其应用于川西北金矿的预测中，韩绍阳等将其应用在层间氧化带型砂岩铀矿的定量评价中，黄海峰等将其应用于甘肃省岷县—礼县地区的金矿预测中，李随民等（2007）等将其应用于陕西旬北铅锌矿富集区矿产预测与评价中，薛顺荣等将（2008）其应用于香格里拉地区的找矿预测。虽然他们评价的矿种和矿床类型各异，但是都获得了较为满意的预测结果。

20世纪90年代，美国地质调查局（USGS）首次开展了一项科学研究，在以往传统地质调查数据的基础上，运用GIS技术综合各种矿产地质信息，预测在美国相邻各州内埋藏在地表以下1km以内的尚未发现的金、银、铜、铅、锌金属元素的含量。而这些金属元素可能会存在于尚待发现的矿床之中，并且它是在利用各种资料基础上对金、银、铜、铅等未被发现的矿床所做的最彻底的一项预测评价（宋国耀等，1999）。

近年来，随着计算机技术的高速发展，尤其是信息技术的发展对社会的各个领域包括地质行业产生了重大的影响："3S"技术——全球定位系统（GPS）、遥感（RS）和地理信息系统（GIS），是目前对地观测系统中空间信息获取、存储管理、更新、分析和应用的三大支撑技术，促使"地球信息科学"诞生，使得地质矿产资料的采集、存储、传递和使用发生了根本性的变化。

上述方式的转变将矿产资源预测与评价工作带入了一个新的数字化时

代，给矿产资源预测与评价注入了新的内容，也带动了矿产资源评价方法的创新与发展。

第二节　找矿预测流程

一、找矿预测思路及方法

不同矿床形成于特定的时代和构造环境，具有独特的主成矿要素。找矿预测成败的关键是能否抓住矿床的主成矿要素，发现合适的找矿预测标志。矿床不是单独出现的，矿床成矿系列理论从矿床形成的客观规律进行研究，提取主成矿要素，提高成矿规律的认识，应用于找矿预测，最终取得丰硕的成果。

"相似类比"方法被广泛应用于找矿预测和找矿靶区圈定，该方法是基于相似成矿地质背景可形成相似矿床，具有形成相似物探、化探异常特点的认识，从成矿地质背景、物化探异常的相似度来判别成矿的前景，从而进行找矿预测和找矿靶区圈定。该方法属于一种定性—半定量找矿预测，虽然不及定量预测准确，但是在数据较为缺乏的条件下，该方法具有快速、简洁的优势，在区域找矿预测中被广泛应用。

"协优找矿预测"思维是在地质分析的基础上，赋予物探、化探数据特定的地质含义，从中选取能够反映主成矿要素的相关变量进行分析和编制预测图件，从而开展找矿预测的一种方法。该方法强调的不是独立变量的选取，而更多关注的是数据之间的相关性（郑有业等，2006）。该找矿预测方法具有良好的应用效果，西藏朱诺斑岩铜矿的发现即为很好的例证。

本次研究区范围广，涵盖了柴达木盆地南北缘、东昆仑、柴达木盆地北缘、阿尔金、西秦岭4个成矿带。区内地质工作程度不高，用于找矿预测的数据不足，特别是缺乏系统的地球化学数据。因此，结合项目实际特点，本次找矿预测以开展定性预测为主。

基于上述，本次找矿预测以"矿床成矿系列"理论为指导、以提取矿床成矿系列主成矿要素为基础，利用"协优找矿预测"思维对物化探数据进行分析处理，提取找矿预测要素，建立找矿预测模型，采用"相似类比"的方法，利用地理信息系统（GIS）技术开展找矿远景区和找矿靶区的圈定。

矿床成矿系列找矿预测要素的赋值是找矿预测的关键，其合理性是建立在对矿床成矿系列成矿要素和找矿物化探异常标志认识的基础上。矿床成矿系列成矿要素和找矿物化探异常标志的配合，能够更加合理地判断一个地区是否具有找矿的前景。根据矿床成矿系列成矿要素的重要性，选择2个最主要的成矿要素，配合1个最有利的物化探异常标志，可快速、可靠地圈定出找矿有利地区。因此，这3个要素采取乘积的计算方法更加合理，对于有利地区其乘积应大于60分。我们在工作中将首要成矿要素赋予0或8分，将第二成矿要素赋予0或2分，将找矿物化探异常标志赋予0~4分，保证在地质要素最有利的情况下，如叠加最有利的找矿物化探异常标志的区域，也就是说最有利的找矿区域分值大于60分。赋予0分主要是因为缺少这种要素，不可能找到相类似的矿床。对于找矿物化探异常第二标志，我们赋予0~10分，并对成矿事实给予充分考虑，采取和前三者乘积的分值相加的办法，保证具备成矿要素，且存在成矿事实。

二、技术流程

首先，以"矿床成矿系列理论"为指导，建立不同的矿床成矿（亚）系列找矿模式，研究能够反映主成矿要素的地质，物探、化探找矿预测标志，利用"协优找矿预测"思维，提取找矿预测要素，建立找矿预测要素模型。

其次，编制反映预测要素的地物化系列图件。

然后，以"相似类比"的方法，利用地理信息系统（GIS）技术，对图件和数据进行处理判别，进而开展不同矿床成矿（亚）系列找矿远景区圈定和找矿靶区预测。

找矿靶区圈定后，择优对圈定的找矿靶区开展检查验证。根据验证结果优化找矿预测评价体系，结合专家论证，划定重点找矿靶区和一般找矿靶区（重点找矿靶区根据找矿预测模型评价的分值应达到80分以上，且区内存在小型或小型以上规模矿床的成矿事实；一般找矿靶区根据找矿预测模型评价的分值达到60~80分，对成矿事实无特别的要求）。

最终，根据重点找矿靶区和一般找矿靶区的圈定情况，提交相关的立项选区建议和申报矿产勘查项目，并指导矿产勘查项目实施，取得找矿突破和实现资源量目标，完成任务书规定的考核要求。

成矿系列是用来研究成矿作用在四维空间中的规律，探索在地球发展过程中成矿的时空演化及分布规律，从而提高对地质规律的认识，并更有效地指导成矿预测工作和促进矿产资源的勘查与利用（韩春明，2002）。

第三节　矿床成矿（亚）系列找矿预测要素模型

在该节中对研究区重要的矿床成矿（亚）系列找矿预测要素模型进行论述。首先，通过对不同矿床成矿（亚）系列典型矿床开展找矿地球物理和地球化学标志研究，结合典型矿床研究成果，梳理地质找矿标志，建立典型矿床找矿模型。然后，以典型矿床找矿模型为基础，结合下述矿床成矿系列中成矿要素的研究成果，系统总结矿床成矿（亚）系列找矿预测要素模型。

一、不同成矿系列的成矿要素

（一）中元古代与沉积变质作用有关的铁—锰—石墨矿床成矿系列

该成矿系列是前南华纪最为重要的矿床成矿系列，矿床式分别为那西郭勒式和洪水河式。

那西郭勒和洪水河典型矿床研究结果表明，该系列矿床主要受大地构造环境、地层、岩性的控制。矿床形成于中元古代大陆边缘，尤其是在昆中断裂和昆北断裂之间的大陆边缘，热水盆地广泛分布。含矿地层分别为金水口岩群斜长角闪片岩岩组、大理岩岩组或狼牙山组。

（二）早古生代早期与热水喷流沉积作用有关的铅锌—钴（锰）矿床成矿系列

该成矿系列是早古生代早期最为重要的矿床成矿系列，分布于东昆仑成矿带和柴达木盆地北缘成矿带，又分为寒武纪—奥陶纪弧后盆地热水喷流沉积型铅锌矿床成矿亚系列和奥陶纪岛弧热水喷气沉积型钴矿床成矿亚系列，矿床式分别为锡铁山式和驼路沟式。前一亚系列与锡铁山弧后盆地热水喷流沉积成矿作用有关，后一亚系列与南昆仑岛弧热水喷气沉积成矿作用有关。

锡铁山和驼路沟典型矿床研究结果表明，该系列矿床主要受大地构造环境、构造、地层、岩性的控制。矿床形成于寒武纪—奥陶纪岛弧或弧后盆地，尤其是在锡铁山弧后盆地和南昆仑岛弧热水盆地广泛分布，在祁漫塔格弧后盆地内也有一些矿床（点）产出。矿床的形成受同生断裂控制，含矿地层主要有滩间山群、纳赤台群和祁漫塔格群，含矿岩性主要有热水喷流沉积岩。矿区岩体和成矿作用关系不密切。围岩蚀变强烈，主要有硅化、碳酸盐化、钠奥长石化、硬石膏化、重晶石化、绢云母化、白云母化、硫酸盐化等。

（三）早古生代早期与黑色岩系沉积作用有关的钒矿床成矿系列

该成矿系列分布于东昆仑成矿带，矿床式为大干沟式，与南昆仑岛弧盆地黑色岩系沉积成矿作用有关。矿床主要受大地构造环境、地层、岩性的控制。矿床形成于奥陶纪岛弧盆地，主要分布在大干沟一带。含矿地层主要是纳赤台群哈拉巴依沟组，含矿岩系主要为一套黑色岩系，岩性主要有碳质板岩、碳质片岩、碳质变砂岩等。

（四）早古生代早期蛇绿岩内铬铁矿床成矿系列

该成矿系列矿床分布于柴达木盆地北缘成矿带，矿床式为绿梁山式，与柴达木盆地北缘缝合带蛇绿岩套中超镁铁质岩岩浆成矿作用有关。矿床主要受大地构造环境、超基性岩的控制。矿床形成于奥陶纪柴达木盆地北缘缝合带蛇绿岩内，主要分布在柴达木盆地北缘绿梁山等地。含矿岩性主要是橄榄岩、辉石橄榄岩等。围岩蚀变主要是蛇纹石化、滑石化等。

（五）志留纪—泥盆纪与岩浆作用有关的镍—铜—钴—金"三稀"矿床成矿系列

该成矿系列是早古生代晚期最为重要的矿床成矿系列，分布于东昆仑成矿带、阿尔金成矿带和柴达木盆地北缘成矿带，又分为4个矿床成矿亚系列，以岩浆熔离型镍—铜—钴矿床成矿亚系列和造山型金矿床成矿亚系列最为重要，矿床式有夏日哈木式、青龙沟式、交通社式和二道沟式。岩浆熔离型镍—铜—钴矿床成矿亚系列形成于后碰撞局部伸展背景下超基性岩浆成矿作用，其他3个矿床成矿亚系列与后碰撞构造—中酸性岩浆作用有关。

夏日哈木典型矿床研究结果表明，岩浆熔离型镍—铜—钴矿床成矿亚系列矿床主要受大地构造环境、超基性岩体的控制。矿床形成于志留纪—泥盆纪，从碰撞挤压转变为后碰撞伸展的构造环境，主要分布在北昆仑岩浆弧和阿尔金碰撞—后碰撞岩浆岩带，在祁漫塔格弧后盆地内也有一些矿床（点）产出。矿床的形成受超基性岩体控制，含矿岩相主要是辉石岩相和橄榄岩相，含矿岩性主要为辉石岩、橄榄辉石岩和辉石橄榄岩。

青龙沟典型矿床研究结果表明，造山型金矿床成矿亚系列矿床主要受大地构造环境和构造的控制。矿床形成于志留纪—泥盆纪后碰撞造山带，主要分布在柴达木盆地北缘碰撞造山带。矿床的形成受韧性剪切带或变质核杂岩控制，矿体主要赋存于韧性剪切带韧—脆性构造转换部位。矿区围岩和成矿作用具有一定关系，通常万洞沟群作为围岩成矿作用较强。围岩蚀变主要有硅化、黄铁绢英岩化、钾化等。

交通社典型矿床研究结果表明，花岗岩型—伟晶岩型"三稀"矿床成矿亚系列矿床主要受大地构造环境、构造、花岗岩和伟晶岩的控制。矿床形成于志留纪—泥盆纪后碰撞造山带，主要分布在阿尔金碰撞—后碰撞岩浆岩带和柴达木盆地北缘碰撞造山带。矿体主要赋存于构造和碱性花岗岩叠合部位或伟晶岩内，含矿岩性有伟晶岩、碱性花岗岩、大理岩等。

矽卡岩型—热液脉型钨铁多金属矿床成矿亚系列矿床主要受大地构造环境、花岗岩和围岩的控制。矿床形成于志留纪—泥盆纪后碰撞造山带，主要分布在东昆仑造山带。形成该亚系列矿床的岩体多为 S 型或 A 型花岗岩，围岩存在碳酸盐岩时形成矽卡岩型，若围岩为碎屑岩、花岗岩时形成热液脉型。矿体主要赋存于岩体与围岩接触带，或呈脉状分布于围岩中。

（六）晚古生代与沉积作用有关的铅锌—金矿床成矿系列

该成矿系列分布于柴达木盆地北缘成矿带，又分为 2 个矿床成矿亚系列，矿床式有督冷沟式和尕日力根式。热水喷流沉积型铅锌矿床成矿亚系列形成于石炭纪裂谷背景下，砾岩型金矿床成矿亚系列与二叠纪陆内俯冲造山作用有关。

督冷沟热水喷流沉积型铅锌矿床成矿亚系列矿床主要受大地构造环境、地层、岩性的控制。矿床形成于石炭纪裂谷，含矿地层主要是宗务隆群，含矿岩性主要有热水喷流沉积岩 [硅质岩、纹层状石膏菱 (锌) 铁矿岩、重晶石岩、石英钠长岩]、绿片岩、变砂岩、大理岩及海相双峰式火山岩。矿区岩体和成矿作用关系不密切。围岩蚀变强烈，但蚀变分带不甚明显，蚀变类型主要有硅化、碳酸盐化、钠奥长石化、硬石膏化、重晶石化、绢云母化、白云母化、硫酸盐化等。

二叠纪陆内俯冲造山带砾岩型—低温热液型金—汞矿床成矿亚系列矿床主要受大地构造环境、地层、岩性的控制。矿床形成于石炭纪宗务隆裂谷，含矿地层主要是宗务隆群，含矿岩性主要有热水喷流沉积岩 [硅质岩、纹层状石膏菱 (锌) 铁矿岩、重晶石岩、石英钠长岩]、绿片岩、变砂岩、大理岩及海相双峰式火山岩。围岩蚀变主要有硅化、碳酸盐化、钠奥长石化、硬石膏化、重晶石化、绢云母化、白云母化、硫酸盐化等。

（七）二叠纪与岩浆构造作用有关的汞矿床成矿系列

该矿床成矿系列仅发现有苦海汞矿床，矿床形成机制较为特殊，其区域找矿预测意义不大，在此不再赘述。

（八）三叠纪与岩浆作用有关的铁—金—银—多金属矿床成矿系列

该成矿系列矿床主要分布于东昆仑成矿带，在西秦岭成矿带、阿尔金成矿带和柴达木盆地北缘成矿带也有一些分布，又分为 3 个矿床成矿亚系列。矿床式有野马泉式、虎头崖式、卡尔却卡式、那更康切尔式、五龙沟式和鄂拉山口式。该成矿系列主要形成于三叠纪碰撞—后碰撞造山带，与三叠纪构造岩浆作用密切相关。

野马泉、虎头崖、卡尔却卡、那更康切尔典型矿床研究结果表明，三叠纪与岩浆作用有关的铁—银—金—多金属矿床成矿亚系列矿床主要受中酸性岩体和构造的控制。矿床主要形成于三叠纪碰撞后碰撞造山带，部分属于侏罗纪后碰撞造山带，主要分布在北昆仑岩浆弧和祁漫塔格岩浆弧。矿床的形成受三叠纪、侏罗纪花岗岩或花岗斑岩控制，北西向断裂及其次级断裂对岩体和围岩展布方向具有明显控制作用。含矿岩性主要有矽卡岩、角岩、斑岩、隐爆角砾岩等。矿床围岩不确定，但矽卡岩型以碳酸盐岩地层为主，热液型、斑岩型、隐爆角砾岩型以碎屑岩、中酸性火山岩和侵入岩为主。围岩蚀变普遍较为强烈，主要有矽卡岩化、角岩化、硅化、钾化、青磐岩化、绿帘石化、绿泥石化、碳酸盐化等。

五龙沟典型矿床研究结果表明，三叠纪与岩浆构造作用有关的金矿床成矿亚系列矿床主要形成于三叠纪后碰撞造山带，主要分布在北昆仑岩浆弧。韧性剪切带、北西西向断裂、北西向断裂及其次级断裂是矿体的主要控矿构造，矿体多产于韧性变形与脆性断裂转换部位。含矿岩性主要为糜棱岩、碎裂岩、构造角砾岩等。

三叠纪与陆相火山作用有关的银多金属矿床成矿亚系列矿床主要形成于三叠纪后碰撞造山带，主要分布在西秦岭成矿带的鄂拉山岩浆弧。矿床的形成受火山机构、环形构造的控制。含矿岩性主要是鄂拉山组陆相火山岩。围岩蚀变普遍较为强烈，常呈面状分布，主要有硅化、绿泥石化、高岭土化、碳酸盐化等。

二、中元古代与沉积变质作用有关的预测要素模型

(一) 典型矿床找矿模型

通过研究，建立了那西郭勒铁—石墨矿床找矿模型和洪水河铁—锰矿找矿模型 (见表 3-1、表 3-2)。

表 3-1　那西郭勒矿床地质—地球物理找矿模型

分类		主要特征
找矿地质标志	成矿时代	中元古代
	大地构造环境	金水口中元古代陆块活动大陆边缘火山—沉积盆地
	含矿地层及岩性	以金水口岩群磁铁石英岩、磁铁绿泥石英岩和大理石岩为主，极少量斜长角闪片岩、石英片岩
	磁铁矿顶板标志	灰黑色条带状透辉石大理岩
地球物理标志	磁法	正负伴生强磁异常 (峰值大于 5000nT) 是寻找地表或浅埋藏磁铁矿矿体的主要地球物理标志，条带状中等强度磁异常 (峰值 2000nT 左右) 是寻找埋藏深度大于 500m 磁铁矿矿体的重要地球物理标志
	电法	对应的高极化低阻异常是寻找石圈矿的重要地球物理标志
找矿方法组合		以 1:1 万地质填图 +1:1 万地磁测量 +1:1 万激电中梯 (自然电位) 剖面为主，辅助开展 1:2000 高精度磁法剖面和井中物探

表 3-2　洪水河矿床地质—地球物理找矿模型

分类		主要特征
找矿地质标志	成矿时代	蓟县纪
	大地构造环境	金水口中元古代大陆边缘滨海—浅海沉积盆地
	含矿地层及岩性	蓟县系狼牙山组千枚岩、变质砂岩和大理岩
	顶底板标志	硅质岩、含暖质碎屑岩及含碳质碳酸盐岩
	地貌标志	正地形带状分布的黑色或褐黑色渲染地表氧化带
地球物理标志	磁法	正负伴生强磁异常（峰值大于 4500nT）是寻找地表或浅埋藏磁铁矿矿体的主要地球物理标志，条带状弱—中等强度磁异常（峰值 300 ~ 1000nT）是寻找锰（铁）矿体的重要地球物理标志
找矿方法组合		1 : 1 万地质填图 +1 : 1 万地磁测量，辅助开展 1 : 2000 高精度磁法剖面和井中物探

（二）矿床成矿系列找矿预测要素模型

中元古代与沉积变质作用有关的铁—锰—石墨矿床成矿系列最为重要的成矿要素是存在金水口岩群或狼牙山组含矿岩层大地构造环境控制着该系列矿床的形成，地磁异常是找矿最重要的地球物理标志。重力异常，可判断古沉积盆地。根据找矿预测要素赋值原则，建立的找矿预测要素模型见表 3-3。

表 3-3　中元古代与沉积变质作用有关的铁—锰—石墨矿床成矿系列找矿预测要素模型

序号	预测要素	预测要素判别标志	赋值	总分 TS
1	地层	金水口岩群磁铁石英岩、绿泥磁铁石英岩和大理岩层，或狼牙山组	0 或 8	TS ＝ 1×2×3+4+5
2	元古宙大地构造环境	元古宙古大陆边缘，主要是昆北断裂以南、昆中断裂以北	0 或 2	
3	地磁异常	带状正负伴生地磁异常	0~4	
4	重力异常	反映古大陆边缘热水盆地的独立相对重力低异常	0~10	
5	成矿事实	中元古代沉积变质型铁—锰—石墨矿床（点）	0~26	

注：激电异常对沉积变质型石墨矿具有重要找矿意义，但由于缺乏区域激电异常资料，因此

预测要素中未包括激电异常，仅在找矿靶区预测时进行了参考；对于构造，尤其是褶皱对矿体具有一定的控制作用，在找矿远景区划分时由于缺乏系统资料未进行考虑，但在找矿靶区圈定时，进行了充分考虑。

第四节　找矿远景区及靶区

一、中元古代与沉积变质作用有关的找矿远景区及靶区

(一) 找矿远景区

研究区共划分 5 处中元古代与沉积变质作用有关的铁—锰—石墨矿床成矿系列找矿远景区。

1. 喀雅克登塔格—肯德阿勒大湾沉积变质型铁—石墨矿找矿远景区

该找矿远景区西起青海—新疆边界，东至肯德阿勒大湾，南以那陵郭勒河为界，北至柴达木盆地边缘，面积为 $4545km^2$。远景区位于金水口中元古代陆块活动大陆边缘。区内金水口岩群分布广泛，以片麻岩为主，石英岩和大理岩也有一些分布，岩性主要为片麻岩、斜长角闪片岩、斜长角闪岩、大理岩、石英岩等，具有形成沉积变质型铁矿的地质条件。远景区内虽然无成型矿床产出，但是已发现矿点，成矿事实清楚，如别里赛北南东部沉积变质型铁矿点就产于金水口岩群石英岩中。区内地磁异常共分布 108 处，异常总体呈北西向，条带状磁异常在南西和北东部较发育，与沉积变质型铁矿引起的磁异常特点相似。远景区东、西部异常检查程度较低，具备良好的找矿前景。

2. 求勉雷克塔格—农场南山沉积变质型铁—石墨矿找矿远景区

该找矿远景区西起青海—新疆边界，东至农场南山，南以昆中断裂为界，北至那陵郭勒河，面积为 $11622km^2$。远景区位于金水口中元古代陆块活动大陆边缘。重力异常推断存在 3 处元古宙火山—沉积盆地。区内出露金水口岩群，岩性主要为斜长角闪片岩、斜长角闪岩、石英岩、绿泥石英岩、石英片岩、大理岩、片麻岩等，具有形成沉积变质型铁—石墨矿的地质条件。区内分布有那西郭勒、查可勒图、东沙子、莫日布拉格、乌腊德和

呼热郭勒大中型铁、石墨矿床。区内地磁异常共分布96处，异常总体为大面积正磁异常，总体走向北西向，西段异常密集，规模大，条带状正负伴生的规则强磁异常广泛分布，具有寻找沉积变质型铁矿的地球物理条件。区内多处磁异常未详细检查，已发现矿床异常控制程度较低，具备良好的找矿前景。

3. 南山口—宗家西沉积变质型铁—锰—石墨矿找矿远景区

该找矿远景区西起南山口，东至沙石山，南至温冷恩地区，北至柴达木盆地，面积为3838km²。远景区位于金水口中元古代陆块活动大陆边缘。重力异常推断存在2处元古宙火山—沉积盆地。区内金水口岩群以片麻岩为主，石英岩和大理岩亦有一些分布，岩性主要为片麻岩、斜长角闪片岩、斜长角闪岩、石英岩、石英片岩、大理岩等。狼牙山组零星分布于远景区西部和北东部，主要为一套浅变质的镁质碳酸岩夹碎屑岩组合，具有形成沉积变质型铁—锰—石墨矿的地质条件。区内分布有磁铁山矿床、黑山铁锰矿点、金水口锰矿点、干沟石墨矿点及金水口石墨矿点等。区内地磁异常共分布84处，异常总体表现为大面积负磁异常，局部分布北西向，近东西向带状、椭圆状正磁异常或正负伴生异常，正负伴生，形态规则的中强磁异常为磁铁矿的反映。区内工作程度低，具备良好的找矿前景。

4. 温冷恩—巴隆西沉积变质型铁—锰—石墨矿找矿远景区

该找矿远景区西起温冷恩，东至洪水河，南抵野马驮地区，北至都兰县三通沟脑，面积为2599km²。远景区位于金水口中元古代陆块活动大陆边缘。区内金水口岩群以片麻岩为主，斜长角闪片岩、石英岩和大理岩分布较少。狼牙山组广泛分布，岩性主要为白云石大理岩、变质砂岩、钙质绿泥石千枚岩、绿泥石千枚岩、碳质千枚岩、含碳灰岩、硅质岩等，具有形成沉积变质型铁—锰矿和石墨矿的地质条件。区内分布洪水河铁—锰矿床、清水河铁矿床等。区内地磁异常共分布38处，异常总体呈北西、北西西向正磁异常背景中跳跃的强磁异常带，异常形态多以带状、条带状为主。该区针对锰矿的勘查和评价程度很低，具备良好的找矿前景。

5. 查哈和勒岗沉积变质型石墨矿找矿远景区

该找矿远景区主要位于查哈和勒岗地区，面积为751km²。远景区位于金水口中元古代陆块活动大陆边缘。区内金水口岩群以片麻岩、大理岩为主，具有形成沉积变质型石墨矿的地质条件。区内已发现有巴勒木特尔、泽立坑东、双雪包石墨矿床，成矿事实清楚，具备良好的石墨矿找矿前景。

(二) 找矿靶区

研究区共圈定12处中元古代与沉积变质作用有关的铁—锰—石墨矿床成矿系列找矿靶区，其中重点找矿靶区4处。现将重点找矿靶区特征及找矿前景阐述如下。

1. 那西郭勒铁—石墨矿重点找矿靶区（B3）

该找矿靶区位于求勉雷克塔格—农场南山沉积变质型铁—石墨矿找矿远景区，西起卡尔却卡南部，东至那西郭勒，面积为1171km²。

该区成矿期大地构造位置处于金水口中元古代陆块活动大陆边缘。重力异常呈现区域背景上的局部高重力异常，推断存在元古宙火山—沉积盆地。

区内出露金水口岩群，岩性主要有斜长角闪片岩、斜长角闪岩、磁铁石英岩、磁铁绿泥石英岩、石英片岩、大理岩、片麻岩等。赋矿岩石组合——石英岩、绿泥石英岩，在区内呈北西西向分布，宽度通常为500～1000m，最宽处可达1500m以上，通常占金水口岩群出露宽度的比例不足3%，单层厚度通常为10～20m，最大厚度约25m。靶区内已发现了那西郭勒大型铁—石墨矿、查可勒图中型铁—石墨矿床、东沙子中型铁矿床等多处沉积变质型铁—石墨矿床，成矿事实清楚。上述特征表明，该区具有良好的沉积变质型铁—石墨矿成矿地质条件。

靶区内共分布有24处1：5万地磁异常，异常总体呈北西向、北西西向展布，局部为北东向、近东西向展布。靶区西部以负磁异常背景中的局部正异常为主，负异常背景中局部强磁异常具有梯度陡、强度大、正负伴生的特征，具有磁铁矿矿体的磁异常特征；靶区中北部多为岩体异常的显示；靶区中东部负异常背景中北西向带状、条带状异常明显，异常具有强度大、梯度陡、尖峰状、正负伴生强磁异常的特点，为磁铁矿矿体的异常反映，找矿潜力大。由于地形及工作部署的原因，靶区南部有大面积磁测空白区。通过成矿地质背景以及1：20万重力异常特征的分析，发现靶区具有寻找沉积变质型铁矿的巨大前景。

2. 呼热郭勒铁—石墨重点找矿靶区（B6）

该找矿靶区位于求勉需克塔格—农场南山沉积质变型铁—石墨矿找矿远景区，面积为558km²。该区成矿期大地构造位置处于金水口中元古代陆块活动大陆边缘。重力异常呈现区域背景上的局部高重力异常，推断存在元古宙火山—沉积盆地。

区内出露金水口岩群，岩性主要为片麻岩、斜长角闪片岩、斜长角闪岩、石英岩、大理岩等。靶区内已发现了呼热郭勒石墨矿床、哈西亚图石墨矿床。

受地形及工作部署的影响，靶区东、西两端1∶5万地磁测量未能覆盖，中部圈定高精度磁测异常6处，总体显示为面状的弱正磁异常，为靶区内大面积金水口岩群的显示，局部异常强度高、梯度陡、正负伴生的磁异常多为磁铁矿矿体引起，如靶区内的青DC-2010-M45磁异常。异常由两条北西向展布的异常带组成，峰值高（-3147～1974nT）、梯度大、南正北负、以正异常为主，是寻找磁铁矿的重要标志。

靶区内中东部推断的元古宙火山—沉积盆地内沉积变质型铁矿找矿工作未开展或工作程度很低，结合地质背景和地磁异常推断具有良好的沉积变质型铁—石墨矿成矿地质条件和找矿潜力。

3. 洪水河铁—锰矿重点找矿靶区（B11）

该找矿靶区位于温冷恩—巴隆西沉积型铁—锰—石墨矿找矿远景区东部，面积为376km²。靶区内出露地层为狼牙山组，总体上可分为上、下两段，上段以硅质岩类为主并夹有千枚岩；下段以灰黑色千枚岩为主，夹有变白云质结晶灰岩。靶区内已发现了洪水河铁—锰矿床、清水河铁矿床等多处沉积变质型铁—锰矿床，成矿事实清楚。

区内有8处1∶5万地磁异常，总体显示为弱磁异常背景中局部叠加升高强磁异常的特征展布方向为北西向、近东西向，与区域构造一致。异常集中在靶区东北部清水河—洪水河一带，异常显示为强度大、梯度陡、正负伴生、尖峰状的强磁异常特征（极值近±4000nT），多为铁磁性矿物的反映，如青DC-2008-M231、青DC-2008-M239磁异常由清水河和洪水河磁铁矿矿床引起，异常带断续长约25km，是寻找沉积变质型铁—锰矿的有利地段；靶区南西部为弱磁背景场上的局部中强磁异常，异常幅值超过1000nT，强度较大，梯度陡，由磁铁矿化绿泥石英片岩引起，具有寻找积变质型铁—锰矿的良好前景。

4. 查哈和勒岗石墨矿重点找矿靶区（B12）

该找矿靶区位于查哈和勒岗石墨矿找矿远景区，面积为392km²。该区成矿期大地构造位置处于金水口中元古代陆块活动大陆边缘。

靶区内出露地层主要为金水口岩群，岩性为片麻岩、大理岩、斜长角闪岩、斜长角闪片岩等。地磁异常分布3处，异常走向呈北东向、北西向，呈带状、团块状展布，异常强度一般大于700nT，极大值达1300nT。

二、早古生代早期与热水喷流沉积作用有关的找矿远景区及靶区

（一）找矿远景区

研究区共划分12处早古生代早期与热水喷流沉积作用有关的铅锌—钴（锰）矿床成矿系列找矿远景区。

1. 柴水沟—采石岭找矿远景区

该找矿远景区西起柴水沟，东至采石岭，北至阿卡托山，南至柴达木盆地南缘，面积为407.25km²。远景区成矿期位于早古生代锡铁山弧后盆地。区内地层主要为滩间山群地层，包括a岩组及b岩组，其中a岩组岩性主要为千枚岩、灰岩夹绢云石英片岩及少量含锰硅质岩，b岩组岩性主要为灰绿色蚀变（片理化）安山岩、英安岩、凝灰岩夹大理岩、含锰硅质岩、角闪片岩、安山质火山角砾岩、石英长石砂岩及砂质板岩。从出露地层来看，该区具有形成热水喷流型多金属矿的地质条件。区内分布有1处水系异常，异常元素组合为U-Nb-La-Be-As-Bi-Ti（F-Sn-Y-W-P-Th-Mo-Ni-V-Au），部分水系异常与滩间山群a岩组较为对应，地层内分布有多条构造，以北东东向为主，局部呈东西向展布。远景区内分布有7处磁异常。区内目前尚未发现热水喷流沉积型铅锌—钴矿床，但异常检查程度较低，具备良好的找矿前景。

2. 莲花石—公路沟找矿远景区

该找矿远景区西起莲花石，东至公路沟，南至滩北雪峰附近的青海—新疆边界，北至柴达木盆地南缘，面积为1006km²。远景区成矿期位于祁漫塔格弧后盆地。区内地层主要为祁漫塔格群碎屑岩岩组、火山岩岩组及碳酸

盐岩岩组，其中碎屑岩岩组岩性主要为石英长石砂岩、长石砂岩、岩屑长石砂岩、长石石英砂岩夹粉砂岩、板岩、硅质岩、灰岩、中基性火山岩；火山岩岩组出露的岩性主要为玄武岩、安山岩、英安岩、流纹岩、凝灰岩夹变砂岩、板岩；碳酸盐岩岩组出露的岩性主要为大理岩、白云岩、结晶灰岩夹石英砂岩、粉砂岩及少量玄武岩。区内分布有3处水系异常，异常元素组合为 B-Pb-Cd-Mn-As-Sb-Au-Ag，部分水系异常与祁漫塔格群碎屑岩组较为对应。地层内分布有多条构造，呈北西向展布，局部分布有北东向构造。远景区内分布有19处磁异常。区内目前尚未发现热水喷流沉积型铅锌—钴矿床，异常检查程度较低，从地质背景和物化探异常分析，具备优越的找矿前景。

3. 红柳沟找矿远景区

该找矿远景区西起红柳沟，东至乌兰乌珠尔，南至哈德尔甘地区，北以柴达木盆地南缘为界，面积为640.5km²。远景区成矿期位于祁漫塔格弧后盆地。区内地层主要为祁漫塔格群火山岩岩组，出露的岩性主要为玄武岩、安山岩、英安岩、流纹岩、凝灰岩夹变砂岩、板岩。区内分布有1处水系异常，异常元素组合为 Ba-Pb-Cr-Ni-Cu-Ag-V-Co，部分水系异常与祁漫塔格群火山岩组较为对应。地层内分布有多条构造，呈北西向展布，局部存在近南北向展布。远景区内分布有16处磁异常。区内水系异常及磁异常与地层套合较好，具有明显的 Ba-Pb-Co 特征组合异常。区内虽然未发现有热水喷流沉积型铅锌—钴矿床，但工作程度低，具有一定的找矿前景。

4. 肯德可克找矿远景区

该找矿远景区西起景忍，东至肯德可克，南至哈布吉可高勒一带，北至迎庆沟一带，面积为139km²。远景区成矿期位于祁漫塔格弧后盆地。区内地层主要为祁漫塔格群碎屑岩岩组，岩性主要为岩屑长石砂岩、长石石英砂岩夹板岩、硅质岩。远景区内发育1处水系异常，异常元素组合为 Sn-Cd-Mo-Bi-W-Ag-Cu，部分水系异常与祁漫塔格群碎屑岩岩组较为对应。地层内分布有多条构造，主体呈东西向展布，局部呈近北东东向或北东向展布。远景区内分布有6处磁异常。区内已发现肯德可克热水喷流沉积型钴金矿矿床，外围工作程度较低，具有良好的找矿前景。

5. 球路奥窝头找矿远景区

该找矿远景区位于球路奥窝头地区，面积较小，为119.5km²。远景区成矿期位于祁漫塔格弧后盆地。区内地层主要为祁漫塔格群火山岩岩组及碳酸盐岩岩组，其中火山岩岩组出露的岩性主要为玄武岩、安山岩、英安岩、流纹岩、凝灰岩夹变砂岩、板岩，碳酸盐岩岩组出露的岩性主要为大理岩、白云岩、结晶灰岩夹石英砂岩、粉砂岩及少量玄武岩。远景区内发现1处水系异常，异常元素组合为Cu-Cr-Sn-Y-Th-Co-Pb-F-Cd，部分水系异常与地层较为对应。地层内分布有2条构造，均呈北西向展布。远景区内分布有3处磁异常，异常总体表现为南正北负的正负伴生磁异常，呈北西向带状展布，具有良好的找矿地球物理条件。区内尚未发现热水喷流沉积型矿床，整体工作程度较低，具有良好的找矿前景。

6. 开木棋河下游找矿远景区

该找矿远景区西起克停哈尔，东至小圆山地区，南至开木棋河中游，北以那棱格勒河中游为界，面积为941.25km²。远景区成矿期位于祁漫塔格弧后盆地。区内地层主要为祁漫塔格群碎屑岩岩组和火山岩岩组，岩性主要为岩屑长石砂岩、长石石英砂岩、玄武岩、安山岩、英安岩、流纹岩、凝灰岩夹板岩、硅质岩、变砂岩。远景区内分布有3处水系异常，异常元素组合为Au-Cu-Cd-Co-As-Zn-Mn-Ag，水系异常与祁漫塔格群较为对应。地层内分布有多条构造，主体呈北西向展布，局部地区呈东西向展布。远景区内分布有17处磁异常，异常总体呈大面积正异常或负异常，局部分布近东西、北西向，呈带状、椭圆状、不规则状，正磁异常或正负伴生异常。区内尚未发现热水喷流沉积型矿床，整体工作程度较低，具有良好的找矿前景。

7. 雪山峰找矿远景区

该找矿远景区处于雪山峰北地区，面积为38.25km²。远景区成矿期位于祁漫塔格弧后盆地。区内地层主要为祁漫塔格群碎屑岩岩组，岩性主要为灰绿色石英长石砂岩、长石砂岩夹粉砂岩、板岩、灰岩、中基性火山岩。远景区内发现1处水系异常，异常元素组合为Cu-W-Au-V-Sn-Th-Zr-Ti-Co，远景区内祁漫塔格群与其他地层接触部位发育有构造，主体呈北西西向展布。远景区为地磁工作空白区。区内尚未发现热水喷流沉积型矿床，整体工作程度较低，具有一定的找矿前景。

8. 纳赤台—驼路沟找矿远景区

该找矿远景区西起本头山，东至黑山地区，南至昆南断裂一带，北至野牛沟北一带，面积为 2066.75km²。远景区成矿期属于南昆仑俯冲增生杂岩带。区内出露的地层主要为纳赤台群，岩性主要为千枚岩、板岩、长石砂岩、岩屑砂岩、岩屑长石砂岩、长石岩屑砂岩夹粉砂岩、玄武岩、中酸性凝灰熔岩、凝灰岩、粗面岩以及少量砾岩、砂质灰岩。远景区内分布有 2 处水系异常，异常元素组合为 Mo-Cd-U-Cu-Ba-Sb-Sn-As-Au-Ag。区内发育有多条构造，位于地层接触部位，呈北西向或近东西向展布。区内大部分地段为地磁工作空白区，北侧存在 1 处磁异常，呈不规则状展布。区内已发现驼路沟钴矿床，矿床分布于 1 处水系异常内，与纳赤台群对应。区内另外 1 处水系异常，具有良好的成矿地质条件，和化探元素组合，检查程度较低，且与地磁异常对应，具有优越的找矿前景。

9. 洪水河中游—哈图南西找矿远景区

该找矿远景区西起洪水河中游，东至哈图南西地区，南至埃坑德勒斯特东部一带，北至巴隆乡南部一带，面积为 610.5km²。远景区成矿期位于洪水河弧后盆地。区内出露的地层主要为祁漫塔格群碎屑岩岩组和火山岩岩组，其中碎屑岩岩组岩性主要为石英长石砂岩、长石砂岩夹粉砂岩、板岩、石灰岩、中基性火山岩，火山岩岩组岩性主要为玄武岩、安山岩、英安岩、流纹岩、凝灰岩夹变砂岩、板岩。远景区内分布有 2 处水系异常，异常元素组合为 As-Cu-Au-Sb-Ag-Ba-Cd-Hg。区内发育有多条构造，位于祁漫塔格群内或其与其他地层接触部位，呈北西西向展布，局部发育北东向构造。区内分布有 8 处磁异常，异常总体呈条带状展布。区内工作程度较低，局部水系异常与地磁异常及地层对应，具有良好的找矿前景。

10. 滩间山找矿远景区

该找矿远景区北起三角顶地区，南到细晶沟地区，东以南祁连—全吉地块为界，西至塞什腾山一带，面积为 935.5km²。远景区成矿期位于早古生代锡铁山弧后盆地。区内出露的地层主要为滩间山群，从 a 岩组到 d 岩组均有出露，其中 a 岩组出露的岩性为灰色千枚岩、灰岩夹绢云石英片岩及少量含锰硅质岩，b 岩组出露的岩性为灰绿色蚀变（片理化）安山岩、英安岩、凝灰岩夹大理岩、含锰硅质岩、角闪片岩、安山质火山角砾岩和石英长石砂岩及砂质板岩，c 岩组出露的岩性为灰紫色片状砾岩夹砂岩及千枚岩，d 岩组出露的岩性为灰绿色蚀变安山岩与玄武安山岩互层夹凝灰岩。远景区内分布有 3 处水系异常，异常元素组合为 Au-Mo-Cu-V-Co-Au-As-Sb-Ni-Cd。区内构造较为发育，主要位于地层内或地层接触部位，带内构造主体呈北西西向或北北西向展布，局部发育南北向或北东向构造。区内分布有 48 处磁异常，异常大部分呈北西向条带状展布，与地层及构造较为吻合。在区内目前尚未发现热水喷流沉积型矿床，工作程度较低，具有较好的找矿前景。

11. 锡铁山找矿远景区

该找矿远景区位于锡铁山—阿木尼克山一带，呈北西向带状展布，面积为 628.75km²。远景区成矿期位于早古生代锡铁山弧后盆地。区内出露的地层主要为滩间山群 a 岩组和 b 岩组，其中 a 岩组岩性为灰色千枚岩、灰岩夹绢云石英片岩及少量含锰硅质岩，b 岩组岩性为灰绿色蚀变（片理化）安山岩、英安岩、凝灰岩夹大理岩、含锰硅质岩、角闪片岩、安山质火山角砾岩和石英长石砂岩及砂质板岩。远景区内分布有 2 处水系异常，异常元素组合为 Pb-Zn-Ba-Cd-Au-As-Cu-Co-Ag。区内构造较为发育，构造主体呈北西向展布。区内为地磁工作空白区。区内已发现锡铁山超大型铅锌矿床，远景区东段工作程度较低，具有良好的找矿前景。

12. 赛什克南—哈尔茨托山西找矿远景区

该找矿远景区西起牦牛山东部，东至哈莉哈德山北西地区，南以东昆仑造山带为界，北至乌兰县南部地区，面积为 1407km²。远景区成矿期位于早古生代锡铁山弧后盆地。区内出露的地层主要为滩间山群 b 岩组，局部出露少量 a 岩组。远景区内分布有 2 处水系异常，异常元素组合为 Cu-Co-Cd-B-Au-As-Sb-V-Mn。区内构造较为发育，主体呈北西西向展布，局部可见北东向构造。区内为地磁工作空白区，尚未发现热水喷流沉积型矿床，工作程度低；从地质背景和物化探异常分析，具备优越的找矿前景。

（二）找矿靶区

研究区共圈定 8 处早古生代早期与热水喷流沉积作用有关的铅锌—钴（锰）矿床成矿系列找矿靶区，其中重点找矿靶区 3 处。现将重点找矿靶区特征及找矿前景阐述如下。

1. 公路沟重点找矿靶区（B1）

该找矿靶区属于莲花石—公路沟找矿远景区，位于祁漫塔格公路沟地区，面积为 112.75km²。该区成矿期大地构造位置处于祁漫塔格弧后盆地。区内出露的地层为祁漫塔格群碎屑岩岩组，岩性为岩屑长石砂岩、长石石英砂岩夹板岩、硅质岩，地层及岩性与已发现的肯德可克矿床地质背景类似。

靶区内共分布有 6 处 1：5 万地磁异常，异常总体呈北西向展布。异常呈条带状展布，异常长 1000～2500m、宽 500～1000m，异常强度弱，幅值为 -250～200nT。区内分布有异常，异常元素为 Cu、Cd、Cr、Ni、Sb、Rb、B、S、Co、As、Au。区内构造总体不发育，局部可能存在少量的断裂。

该靶区地质背景与肯德可克类似，且地表分布的化探异常组合与肯德可克圈定的化探异常组合 Sn-Cd-Mo-Bi-W-Ag-Cu 相似，地层内带状磁异常特征明显。因此，结合地质背景及水系、地磁异常推测，该区具有良好的成矿地质条件，具有优越的找矿前景。

2. 驼路沟重点找矿靶区（B5）

该找矿靶区属于纳赤台—驼路沟找矿远景区，位于驼路沟及其周边地区，面积为 166.5km²。

靶区内出露的地层主要为纳赤台群下碎屑岩岩组，岩性主要为灰色、深灰色千枚岩，长石砂岩，岩屑长石砂岩夹粉砂岩，玄武岩，粗面岩，以及少量砾岩、砂质灰岩。驼路沟钴矿床产于此地层内。

靶区为地磁工作空白区。区内分布有异常，异常元素组合为 Au-Ba-Cu。区内发育多条构造，位于地层接触部位，呈北西向或近东西向展布。该靶区内目前已发现驼路沟钴矿床，向东西两侧的工作程度极低，目前未开展检查验证工作，推测矿床向两侧具有一定的延伸，具有优越的找矿前景。

3. 哈尔茨托山西重点找矿靶区（B8）

该找矿靶区属于赛什克南—哈尔茨托山西找矿远景区，位于哈尔茨托山西地区，面积为 137km²。靶区成矿期大地构造位置位于早古生代锡铁山弧后盆地。

靶区内出露的地层主要为滩间山群 b 岩组，局部出露 a 岩组，其中 b 岩组岩性为灰绿色蚀变（片理化）安山岩、英安岩、凝灰岩夹大理岩、含锰硅质岩、角闪片岩，以及安山质火山角砾岩、石英长石砂岩及砂质板岩；a 岩组岩性为灰色千枚岩、灰岩夹绢云石英片岩及少量含锰硅质岩。

靶区属于地磁工作空白区。靶区内分布有异常，异常元素组合为 Cd-B-

Cu-As-Sb-Au-Sn-Pb（Zn）。区内构造较为发育，主体呈北西西向展布，局部可见北东向构造。靶区地质背景与该带上发现的锡铁山矿床地质背景类似，且水系异常组合与锡铁山的水系异常组合 Pb-Zn-Cd-Au-Ag-Ti-Cr-Sn（W-As-Co-U）较为相似。靶区目前虽然未发现早古生代热水喷流沉积型矿床，但结合地质背景及水系异常推测，该区具有优越的找矿前景。

三、志留纪—泥盆纪与基性—超基性岩浆作用有关的找矿远景区及靶区

（一）找矿远景区

研究区共划分 12 处志留纪—泥盆纪与岩浆作用有关的镍—铜—钴矿床成矿亚系列找矿远景区。

1. 牛鼻子梁—打柴沟找矿远景区

该找矿远景区西起牛鼻子梁，东至打柴沟，南起俄博梁，北至甘肃—青海边界，面积为 1764km^2。远景区位于阿尔金碰撞造山带。区内分布有 4 处泥盆纪基性—超基性岩，岩性主要为辉长岩、角闪橄榄岩、二辉橄榄岩等。区内分布有 4 处水系异常，异常元素组合主要为 Cu-Co-Cr-Ni，部分水系异常与超基性岩体较为对应，具有形成岩浆熔离型铜镍钴矿的地质条件。远景区内已发现牛鼻子梁矿床，矿体产于角闪橄榄岩、二辉橄榄岩中。远景区东、西部异常检查程度较低，具备良好的找矿前景。

2. 滩北雪峰—乌兰乌珠尔找矿远景区

该找矿远景区西起滩北雪峰附近的青海—新疆边界，东至乌兰乌珠尔东，南起土房子，北至柴达木盆地南缘，面积为 4398km^2。远景区位于滩北雪峰—乌图美仁碰撞—后碰撞岩浆岩带。区内小范围出露泥盆纪辉绿岩、辉长岩，主要分布在东沟、小盆地附近；远景区内分布有 9 处水系异常；区内地磁异常共分布有 70 处，异常总体为大面积正磁异常，总体走向为北西向，宽沟地区异常密集，规模大，条带状正负伴生的规则强磁异常广泛分布，具有岩浆熔离型铜镍矿的地球物理条件。局部磁异常与水系异常较为对应，但未详细检查且具备良好的找矿前景。

3.冰沟南—野牛沟找矿远景区

该找矿远景区西起冰沟南附近的青海—新疆边界，东至野牛沟，南起阿克楚克塞，北以昆北断裂南带为界，面积为 1257km²。远景区位于冰沟南—温泉后碰撞—后造山镁铁质岩带。区内分布有 7 处志留纪或泥盆纪基性—超基性岩，岩性主要为辉长岩、辉石岩、橄榄辉长岩等，具有形成岩浆熔离型铜镍钴矿的地质条件。区内已发现冰沟南铜镍矿点，阿克楚克塞铜镍矿床等。区内分布有 5 处水系异常，异常元素组合主要为 Cu-Co-Cr-Ni。区内地磁异常共分布有 38 处，异常总体表现为大面积正磁异常，局部分布北西向，近东西向带状、椭圆状，正磁异常或正负伴生异常。区内工作程度低，具备良好的找矿前景。

4.景忍—黑山找矿远景区

该找矿远景区西起景忍，东至小灶火以南，南以昆北断裂南带为界，北至杂林格，面积为 3034km²。远景区位于滩北雪峰—乌图美仁碰撞—后碰撞岩浆岩带。目前在小尖山一带发现有超基性岩体存在。区内地磁异常共分布有 74 处，异常总体表现为大面积正磁异常。区内中部的那陵郭勒河中游地段表现为面状强磁异常，其余地段表现为局部分布北西向，近东西向有带状、椭圆状正磁异常或正负伴生异常，形态规则、规模较小的正负伴生中强磁异常可能为超基性岩的反映。区内分布有 14 处水系异常，异常元素组合主要为 Cu-Co-Cr-Ni，部分异常套合较好，与磁异常也较为对应，具有寻找岩浆熔离型铜镍钴矿的条件。区内工作程度低，目前尚未发现成型的铜镍钴矿床，具备良好的找矿前景。

5.开木棋河—夏日哈木找矿远景区

该找矿远景区西起克停哈尔，东至夏日哈木以东，南以骆驼峰—昆中断裂为界，北以昆北断裂南带为界，面积为 161lkm²。远景区位于冰沟南—温泉后碰撞—后造山镁铁质岩带。区内分布有 14 处超基性岩体，岩性主要为辉长岩、辉石岩、橄榄辉石岩、橄榄岩、橄榄二辉岩等。区内地磁异常共分布有 21 处，异常东西部总体表现为大面积正磁异常，中部为负异常，局部分布北西向，近东西向、南北向带状椭圆状正磁异常或正负伴生异常，正异常内规则的、规模较小的中强磁异常可能为超基性岩引起。区内分布有 6 处水系异常，异常元素组合主要为 Cu-Co-Cr-Ni，部分异常套合较好，与磁异常也较为对应，具有形成岩浆熔离型铜镍钴矿的条件。区内已发现有夏日哈木铜镍钴矿床，矿床与水系异常及磁异常对应较好。区内超基性岩工作程度低，具备较好的找矿前景。

6. 卡尔却卡—开木棋陡里格找矿远景区

该找矿远景区西起卡尔却卡，东至苏海图，南起塔鹤托板日—雪鞍山一带，北以昆中断裂为界，面积为 $6011km^2$。远景区位于塔鹤托板日—布尔汗布达碰撞—后碰撞岩浆岩带。区内分布有多处超基性岩体，主要分布在水仙南、夏拉尕诺、乌兰拜兴等地区，岩性以辉长岩为主，局部见有少量二辉橄榄岩，主要分布于敦德铁皮西附近。区内已圈定地磁异常72处，局部地段为地磁测量空白区，异常总体表现为大面积正磁异常，局部分布北西向、近东西向、南北向带状、椭圆状、不规则状正磁异常或正负伴生异常，正异常内规则的、规模较小的中强磁异常可能为超基性岩的反映。区内分布有23处水系异常，异常元素组合主要为 Cu-Co-Cr-Ni，部分异常套合较好，与磁异常也较为对应，具有形成岩浆熔离型铜镍钴矿的地物化条件。区内目前已发现水仙南、敖拉多莱等铜镍矿点。区内超基性岩工作程度低，具备较好的找矿前景。

7. 德探沟—绥拉沟找矿远景区

该找矿远景区西起德探沟，东至绥拉沟，南起拖拉林一带，北以昆中断裂为界，面积为 $950km^2$。远景区位于塔鹤托板日—布尔汗布达碰撞—后碰撞岩浆岩带。区内目前尚未发现超基性岩体存在。区内大部分地区地磁异常为空白区，仅东部有少量地磁异常，异常以负异常为主，局部分布有近东西向、椭圆状正异常，异常可能为超基性岩的反映。区内分布有6处水系异常，异常元素组合主要为 Cu-Co-Cr-Ni，部分异常套合较好，与磁异常也较为对应，具有形成岩浆熔离型铜镍钴矿的地物化条件。区内目前尚未发现岩浆熔离型铜镍矿，但区内针对物化探异常检查程度低，具备一定的找矿前景。

8. 加日马—青办食宿站找矿远景区

该找矿远景区西起加日马，东至青办食宿站，南起五十九道班，北至大灶火沟脑一带，面积为 $1200km^2$。远景区位于塔鹤托板日—布尔汗布达碰撞—后碰撞岩浆岩带。区内目前尚未发现超基性岩体存在。区内为地磁测量空白区。区内分布有4处水系异常，异常元素组合主要为Cu-Co-Cr-Ni，部分异常套合较好。区内目前尚未发现岩浆熔离型铜镍矿，但区内工作程度低，具备一定的找矿前景。

9. 白日其利沟脑—诺木洪找矿远景区

该找矿远景区西起白日其利沟脑，东至东达脑地区，南起东温泉一带，北以昆中断裂为界，面积为2444km²。远景区位于塔鹤托板日—布尔汗布达碰撞—后碰撞岩浆岩带。区内发现7处泥盆纪超基性岩体，岩性为辉长岩、橄榄辉长岩、辉石岩等，其中橄榄辉长岩位于诺木洪西地区。区内局部地段为地磁测量空白区，已知地磁异常区分布有59处地磁异常，异常总体呈大面积正异常或负异常，局部分布近东西、北西向带状椭圆状不规则状正磁异常或正负伴生异常，正异常内规则的、规模较小的中强磁异常可能为超基性岩引起，已发现的超基性岩体与磁异常较为对应。区内分布有7处水系异常，发现的超基性岩对应的异常元素组合主要为Co-Cr-Ni，部分异常套合较好。区内目前发现有石头肯德铜镍矿点，区内超基性岩工作程度低，具备一定的找矿前景。

10. 大格勒—金水口找矿远景区

该找矿远景区西起大格勒，东至金水口，南以昆中断裂为界，北至大格勒农场带，面积为2684km²。远景区位于冰沟南—温泉后碰撞—后造山镁铁质岩带。区内志留纪—泥盆纪超基性岩体较少，仅在远景区中部的腾格里大队配种站附近发现1处志留纪辉长岩。区内分布有75处地磁异常，异常总体呈大面积正异常或负异常，局部分布近东西、北西向带状、椭圆状、不规则状正磁异常或正负伴生异常，正异常内规则的、规模较小的中强磁异常可能为超基性岩的反映，已发现的超基性岩体与磁异常较为对应。区内分布有6处水系异常，局部超基性岩对应的异常元素组合主要为Co-Cr-Ni，部分异常套合较好。区内目前尚未发现岩浆熔离型铜镍矿，但区内超基性岩工作程度低，具备一定的找矿前景。

11. 洪水河—浪木日找矿远景区

该找矿远景区西起洪水河，东至浪木日，南以昆中断裂为界，北至柴达木盆地，面积为3886km²。远景区位于冰沟南—温泉后碰撞—后造山镁铁质岩带。区内目前发现4处泥盆纪超基性岩体。区内局部地段为地磁测量空白区，已开展地磁测量区内分布有 39 处地磁异常，异常总体呈大面积正异常，局部有少量负异常，或局部分布近东西、北西向带状、椭圆状、不规则状正磁异常、正负伴生异常，已发现的超基性岩体部位未开展地磁测量。区内分布有 14 处水系异常，局部超基性岩对应的异常元素组合主要为 Cu-Co-Cr-Ni，部分异常套合较好。区内分布有浪木日铜镍矿床，区内超基性岩工作程度低，具有良好的找矿前景。

12. 黑石头山—抗得弄舍找矿远景区

该找矿远景区西起清水泉，东至玛多县错扎玛，北以昆中断裂为界，南至智玉—呼勒茶卡一带，面积为 1150km^2。远景区位于塔鹤托板日—布尔汗布达碰撞—后碰撞岩浆岩带。区内目前发现 6 处泥盆纪超基性岩体，主要分布于清水泉及错扎玛，岩性主要为橄榄岩、橄榄辉石岩；区内未开展地磁测量；区内分布有 4 处 Co-Cr-Ni 水系异常。区内目前尚未发现铜镍矿，但针对超基性岩的地质工作程度很低，具有良好的找矿前景。

（二）找矿靶区

研究区共圈定 28 处志留纪—泥盆纪与岩浆作用有关的镍—铜—钴矿床成矿亚系列找矿靶区，其中重点找矿靶区 6 处。现将重点找矿靶区特征及找矿前景阐述如下。

1. 冰沟南重点找矿靶区（B5）

该找矿靶区位于冰沟南—野牛沟找矿远景区，西起冰沟南附近的青海—新疆边界，东至鸭子沟东，面积为 111km^2。

该区成矿期大地构造位置处于冰沟南—温泉后碰撞—后造山镁铁质岩带。

区内出露有 1 处超基性岩体，分布于冰沟南矿区中西部，岩性为辉长岩、橄榄辉长岩和辉石岩，出露面积约 1.3km^2，呈岩株状、脉状，侵入闪长岩及狼牙山组，辉石岩同位素地质年龄为 427.4 ± 7.3Ma。靶区内已发现了冰沟南铜镍矿点，成矿事实清楚。

靶区北部为地磁测量空白区，南部共分布有 4 处 1：5 万地磁异常，异常总体为北西向展布。异常呈椭圆状、条带状展布，异常幅值为 -150 ~ 1500nT，梯度变化较大。区内分布有 2 处化探异常，异常元素组合为 Cu-Co-Cr-Ni，各元素异常总体套合较好，已发现的超基性岩体位于化探异常边部，已发现的冰沟南铜镍矿点也位于该水系异常边部。结合地质背景及水系异常推测，该区具有良好的岩浆熔离型矿床的成矿地质条件，具有较好的找矿前景。

2. 阿克楚克塞重点找矿靶区（B6）

该找矿靶区位于冰沟南—野牛沟找矿远景区，西起阿克楚克塞，东至哈雅克，面积为 338km²。该区成矿期大地构造位置处于冰沟南—温泉后碰撞—后造山镁铁质岩带。

靶区地表分布有 4 处泥盆纪超基性岩体，1 处分布于阿克楚克塞地区，其余 3 处位于哈雅克地区，主要岩性为辉长岩、辉石岩等。靶区内已发现了阿克楚克塞铜镍矿床。

区内有 14 处 1∶5 万地磁异常，东部磁异常总体显示为弱磁异常背景中局部叠加升高强磁异常的特征，西部磁异常显示为正负伴生的磁异常。异常总体展布方向为北西向、近东西向，与区域构造一致。东部异常呈面状或带状分布，梯度较陡，以正值异常为主，正峰值约 450nT；西部异常呈条带状分布，显示为正负伴生异常，异常极大值为 2000nT。区内分布有 3 处化探异常，异常元素组合为 Cu-Cr-Ni、Cu-Co-Cr-Ni 或 Cu-Co-Cr，局部各元素异常套合较好，已发现的超基性岩体位于化探异常边部或位于化探异常内，已发现的阿克楚克塞铜镍矿位于 Cu-Cr-Ni 异常边部。结合地质背景及水系异常推测，该区具有良好的岩浆熔离型矿床的成矿地质条件，针对超基性岩和物化探异常检查程度总体较低，具有较好的找矿前景。

3. 夏日哈木重点找矿靶区（B11）

该找矿靶区位于开木棋河—夏日哈木找矿远景区，靶区西起三岔沟东，东到夏日哈木，面积为 534.2km²。该区成矿期大地构造位置处于冰沟南—温泉后碰撞—后造山镁铁质岩带。

区内出露分布有 12 处超基性岩体，主要分布于夏日哈木及其周边地区，主要岩性有辉石岩、橄榄辉石岩、橄榄辉长岩、辉长岩等。靶区内已发现了夏日哈木超大型铜镍钴矿床。

受地形及工作部署的影响，靶区南部 1∶5 万地磁测量未能覆盖，北部圈定高精度磁测异常 7 处，总体呈不规则状或椭圆—圆状，走向为东西向，强度较高，极大值为 520nT，梯度陡，正负异常交错，局部异常曲线锯齿跳跃。夏日哈木铜镍钴矿床位于一个小异常内，该异常为正负伴生异常，异常极大值为300nT。

区内分布有4处化探异常，异常元素组合为Cu-Co-Cr-Ni，各元素异常套合极好，已发现的超基性岩体位于化探异常边部或位于化探异常内，已发现的夏日哈木铜镍钴矿床位于异常内，矿床与化探异常及地磁异常较为吻合。靶区内其他超基性岩同样与地磁异常、化探异常套合程度较高，且工作程度总体较低。结合其地质背景推测，该区具有良好的岩浆熔离型矿床的成矿地质条件和良好的找矿前景。

4. 大格勒重点找矿靶区（B23）

该找矿靶区位于大格勒—金水口找矿远景区，面积为798km²。该区成矿期大地构造位置处于冰沟南—温泉后碰撞—后造山镁铁质岩带。

靶区内出露5处超基性岩体，主要分布于大格勒及五龙沟一带，其主要岩性为辉长岩、辉石岩。受地形及工作部署的影响，靶区南东部未开展1：5万地磁测量，地磁测量区分布异常13处，异常总体走向为北西向，局部呈南北向，为带状、团块状展布；异常与超基性岩总体较为对应，其中大格勒地区超基性岩对应于青DC-2008-M10，异常呈带状展布，极大值为100nT。西侧南北向辉长岩对应于青DC-2008-M59，异常等值线密集，梯度大，强度中等，北侧伴生负异常，极大值为540nT。

区内分布有2处化探异常，异常元素组合为Cu-Co-Cr-Ni，各元素异常套合较好，局部分布有Co-Cr-Ni异常或Cu-Co异常，已发现的超基性岩体位于该类化探异常内。目前区内尚未发现铜镍钴矿，但工作程度低。结合地质背景推测，该区具有优越的岩浆熔离型矿床的成矿地质条件和良好的找矿前景。

5. 波落和落哥重点找矿靶区（B24）

该找矿靶区位于洪水河—浪木日找矿远景区，面积为794km²。该区成矿期大地构造位置处于冰沟南—温泉后碰撞—后造山镁铁质岩带。

靶区内出露2处基性—超基性岩体，主要分布于哈拉郭勒一带，其主要岩性为辉石闪长岩、角闪辉长岩、辉长岩、橄榄辉长岩、辉石岩，岩体分异较好，橄榄辉长岩、辉石岩中有磁黄铁矿化和镍黄铁矿化。

区内分布地磁异常22处，表现为正磁异常中的局部异常或正负伴生异常，呈不规则状或条带状展布，走向为北西向或近东西向，局部地段异常呈多峰值，异常强度高，梯度陡，北侧出现负极值异常，极大值为2605nT；分布9处Cu-Co-Cr-Ni元素组合水系异常，异常局部套合较好。结合地质背景推测，该区具有岩浆熔离型铜镍钴矿成矿地质条件和良好的找矿前景。

6. 浪木日重点找矿靶区（B26）

该找矿靶区位于洪水河—浪木日找矿远景区，面积为432km²。该区成矿期大地构造位置处于冰沟南—温泉后碰撞—后造山镁铁质岩带。

靶区内出露4处超基性岩体，主要分布于浪木日一带，1处分布于千瓦大桥，浪木日地区超基性岩主要岩性为二辉橄榄岩。受地形及工作部署的影响，靶区内未开展1:5万地磁测量。

区内分布有3处化探异常，异常元素组合为Cu-Co-Cr-Ni，各元素异常套合较好，已发现的浪木日铜镍钴矿位于化探异常内，其余超基性岩工作程度总体较低。结合地质背景推测，该区具有岩浆熔离型铜镍钴矿成矿地质条件和良好的找矿前景。

第五节　重点找矿靶区勘查成果

一、查可勒图矿区勘查成果

矿区出露地层主要为中元古界金水口岩群，地层走向为北西向，岩性主要有混合岩、变粒岩、片麻岩、斜长角闪岩、斜长角闪片岩、石英片岩、磁铁石英岩、大理岩。区内褶皱构造非常发育，以金水口岩群中的片理、片麻理等面理为变形面，形成一组成对出现的背向形构造；断裂构造不甚发育，可分为北西—南东向断裂、近东西向断裂以及北东向断裂3组。区内岩浆活动强烈，印支期中酸性岩大面积出露，岩石类型有花岗闪长岩和二长花岗岩，对矿层有一定破坏作用。

目前发现磁铁矿化带2条、石墨矿带3条，磁铁矿化带产于金水口岩群的斜长角闪岩中，而石墨矿体产于大理岩中，总体呈北西西向展布，圈出33条磁铁矿（化）矿体和24条石墨矿（化）体。磁铁矿（化）矿体长60～1250m，厚度为1.33～10.95m，MFe为15.02%～25.18%；石墨矿（化）体长40～1500m，厚度为0.39～7.93m，固定碳为3.39%～25.24%。

二、呼热郭勒矿区勘查成果

矿区地层比较单一，仅出露中元古界金水口岩群，岩性主要有大理岩、黑云斜长片麻岩、石英片岩、斜长角闪岩等。区内中三叠世岩浆侵入活动强烈，岩石类型有花岗闪长岩和二长花岗岩，对石墨矿层有破坏作用。区内构造变形强烈，断裂构造较为发育，对区内石墨矿层具有一定的破坏性，但总体破坏较小，褶曲构造部位是石墨矿体的厚大部位。

目前发现石墨矿体13条，主要赋存于石英片岩中，其次赋存于大理岩中，顶板为大理岩、石英片岩等，底板为黑云斜长片麻岩和石英片岩。矿体长100~2000m，厚度为2.03~11.3m，固定碳平均品位为3.41%~13.24%，矿床固定碳平均品位为8.81%。主矿体M1呈北西—南东向延伸，控制矿体长度2000m，平均厚度8.97m，控制最大斜深150m，固定碳平均品位为9.45%，最高可达18.03%，矿体厚度变化系数为45.09%，品位变化系数为30.94%。

经光片鉴定统计，区内石墨片径最大可达12001μm，一般为20~660μm，属品质石墨，其中+100目占比48.83%。

三、金龙沟矿区勘查成果

矿区内出露地层主要为中元古界万洞沟群，属一套区域变质及动力变质的碳泥质碎屑和富镁碳酸盐岩建造。矿区构造活动强烈，既有断裂又有褶皱，不同期次、不同类型的构造交织在一起，组成了复杂的构造格局。矿区的岩浆岩主要为侵入岩，以酸性为主，中性次之。岩石类型有斜长花岗斑岩、花岗斑岩、花岗细晶岩、斜长细晶岩、闪长玢岩、闪长细晶岩、云煌岩。

矿体均赋存于万洞沟群碳质千枚岩片岩段内，严格受北北东向和北西向片理化带中的断裂构造破碎带（脆性破裂）及层间走滑断裂的控制，主要工业矿体（占90%以上储量）全部产于褶皱轴部及翼部的北北东—南北向的断裂—裂隙带中，少数矿体呈北西向展布。矿体多呈脉状、分支脉状、透镜状成群产出，沿走向和倾向有分支复合、尖灭再现的现象，与蚀变围岩无明显界线，呈渐变过渡关系。主要矿体倾向南东，倾角较陡（60°~70°）。矿体长20~430m、宽0.6~62.38m，变化较大，控制最大斜深100m，金平均品位为（3.9~13.4）×10^{-6}。

四、哈日扎矿区勘查成果

矿区地层主要出露金水口岩群和鄂拉山组，金水口岩群岩性主要为黑云斜长片麻岩、斜长石英片岩、大理岩、夹斜长角闪片岩、变质长石砂岩；鄂拉山组岩性主要为灰绿色晶屑凝灰熔岩、含集块凝灰熔岩等。矿区内发育有北西—南东向、近东西向、近南北向、北东向4组断裂，其中以北西—南东向和北东向断裂最发育，断裂相互交切，具多期活动特征。矿区内岩浆活动十分强烈，岩性以花岗闪长岩、二长花岗岩为主，局部见有二长花岗斑岩、花岗闪长斑岩等。矿体受断裂构造控制明显。矿床类型为热液脉型多金属矿。

矿区通过工作共圈定蚀变带23条、矿化带7条，矿带内圈定银多金属矿体88条，含矿岩石主要为（碎裂）花岗闪长斑岩、花岗闪长岩、凝灰熔岩、黑云母斜长片麻岩、斜长石英片岩、构造角砾岩等。矿体长100～1000m，厚度为1.09～17.71m。矿石主要是铅锌银矿石和铜矿石，部分矿体共生金矿，围岩局部可单独圈定出金矿体。

五、哈布吉可高勒矿区勘查成果

矿区主要出露上石炭统缔敖苏组和上泥盆统牦牛山组，二者呈断层接触，在上石炭统缔敖苏组发育破碎蚀变带，带内产出热液脉状铜铅锌矿体。

矿区共圈定蚀变带1条，长3.0km、宽7m，总体沿F_{19}断裂构造形成破碎带分布，围岩多为鄂拉山组凝灰岩，具黄铜矿化（地表表现为孔雀石化）、铅锌矿化、黄铁矿化（地表为褐铁矿化）、高岭土化、绿泥石化、绿帘石化、碳酸盐化。圈定铅锌银矿体3条，长100～234m、厚1.41～4.36m，斜深为100～355m，铅品位为0.64%～1.95%，锌品位为0.55%～1.95%，银品位为（29.90～96.18）×10^{-6}，铜品位为0.12%～0.29%。

六、可特勒高勒矿区勘查成果

矿区主要出露上石炭统缔敖苏组和上三叠统鄂拉山组，岩浆岩主要发育晚三叠世二长花岗岩，在二长花岗岩与缔敖苏组外接触带产出矽卡岩型铁多金属矿，远离接触带产出热液脉型铜铅锌矿体。

目前主要的矿体集中于 V 矿带，圈定了14条（铜）铅锌矿（化）体，矿体长 50 ~ 520m、厚 1.29 ~ 6.66m，铜品位为 0.22% ~ 0.76%，铅品位为 0.40% ~ 2.90%，锌品位为 0.58% ~ 3.93%，含矿岩性为透辉石榴矽卡岩。

七、拉陵灶火中游矿区勘查成果

区内出露地层较为单一，仅有中元古界金水口岩群，岩性组合为黑云斜长片麻岩、斜长角闪岩。区内断裂构造发育，多呈北西—南东向，为区内主成矿构造，矿化体富集地段形成于近东西向与南北向断层交会部位。岩浆侵入活动频繁，侵入体广泛出露，岩性以中酸性为主，主要有晚泥盆二长花岗岩、中三叠世花岗闪长岩、晚三叠石英闪长岩以及少量早侏罗世正长花岗岩，三叠纪岩体外接触带矽卡岩是主要的赋矿部位。

八、沙丘矿区勘查成果

矿区为沙丘覆盖，覆盖深度为 87 ~ 228m。根据勘查资料，区内地层主要是滩间山群和牦牛山组，滩间山群岩性主要为大理岩，牦牛山组岩性主要为安山岩、流纹质安山岩、凝灰岩等。区内构造线方向为北西西向，控制着地层和岩体的总体展布方向。岩浆活动十分强烈，岩性以花岗闪长岩和二长花岗岩为主。大理岩与花岗岩接触部位常常发育矽卡岩化和铁铜钼铅锌矿，矿床类型属于矽卡岩型。

矿区 1：1 万磁异常长 1000 ~ 1200m、宽 600 ~ 900m。ΔT 最大值为 193 ~ 240nT。

通过勘查共发现铁多金属矿体 9 条，矿体主要赋存于矽卡岩中，长 100 ~ 643m、厚 1.41 ~ 28.86m，延伸 70 ~ 413m。矿区还发现大量金矿体，大部分位于矽卡岩中，多与铁多金属矿共生。

第四章　岩石矿物样品采集方法与试样制备

第一节　采集样品的基本要求

一、样品的代表性

样品的代表性指所采集的试样与所研究的对象（原始物料）在整体性质上的一致性。样品代表性的本质就是试样的某一特征指标的测定值与该研究对象特征指标真实值相符合的程度，两者的符合程度越高，说明试样的代表性越高。

（一）采样代表性

采样代表性指所采集的样品的性质能够代表该矿体或物料的整体性质。就矿床采样而言，采样是围绕着矿体进行的。组成矿体的主体部分是矿石，矿石中的矿物组分、结构构造、颗粒大小、产出特点、嵌布情况等在空间中的分布是有变化的。采集样品在空间分布上是局部的，数量也是有限的，因此要求通过局部且有限的样品能够体现整个矿体的变化特征。事实上，矿体或矿化体的实际变化与采样获得的结果之间存在一定程度的差异。对用于选矿研究的原矿样品，要求采集的样品能够代表原矿的可选性，即能够代表所有与选矿工艺性质有关的原矿性质。对于选矿精矿，要求采集的试样能够代表精矿的品位或品级指标。对于选矿过程的中间样品，不仅要求物质组成的代表性外，还要求试样能够体现相应的工艺性能参数，如粒度组成、矿浆浓度等。在选矿工艺过程中选择采样点时，也是通过有限的区段或点区检查整个工艺过程或某一阶段的产品性质。从统计学观点来看，这属于局部与总体关系的问题，这种差异是客观存在的。所以，样品的代表性也指采样查明的物料（矿石或选矿产品）的特点与采样对象的实际特点之间的差异程度。样品代表性愈高，意味着样品查明的物料（矿石、选矿产品）的特征与采样对象实际情况的差异程度愈小，采样结果也比较接近物料整体的真实情况。

(二) 保证样品代表性的措施

保证样品代表性的措施有以下几种：

(1) 掌握采样对象的变化规律。样品代表性程度与采样对象的变化情况密切相关。如对矿床采样就要在矿床地质研究的基础上，遵循成矿规律开展采样工作。

(2) 依据统计学原理。不规则形体采用规则网度进行了解，结果更接近于真实。

(3) 均匀、规则地采集样品可以反映出采样对象的总体特征。

(4) 按照相似的矿床类型。相近工艺过程，用与其相应的采样密度与规格，开展采样工作。

对于选矿试验样品代表性最根本的要求是，采取和配制的矿样与今后开采时送往选矿厂选矿的矿石性质基本一致。

(三) 矿样的代表性一般要求

矿样的代表性一般要求有：

(1) 一般情况下，应采取全矿床或矿床开采范围内的具有充分代表性的矿样。

(2) 矿样能够代表矿床内各种类型和各种品级的矿石；要根据不同矿石类型分别采取，使矿石矿物组成、化学成分、结构构造、有用矿物嵌布粒度特征、伴生有益有害组分、元素赋存状态等基本一致。

(3) 矿样的物理性质和化学性质 (硬度、密度、脆性、抗压强度、黏度、磁性、可溶性等) 以及矿样质量比 (最小体重)、氧化程度等与矿床开采范围内 (或开采矿山投产若干年内送选矿石) 情况基本一致。

(4) 矿样主要组成的平均品位、品位波动、伴生有益有害成分变化、可供综合回收成分的含量，应与矿床范围内的各类型矿石的基本情况一致。

二、矿样的数量、粒度和质量要求

(一) 矿样的数量

矿样的数量一般由下述条件综合确定：

(1) 大量的矿样一般是在矿床先期开采地段采取的，对后期开采地段应采取少量的验证矿样。

(2) 矿样应从矿床内不同矿体、矿段分别采取，以满足不同组合的选矿试验。如不能分别开采或不需分别选矿时，可以只采取混合样，进行混合矿样的选矿试验。

(3) 不同类型和工业品级的矿石，当物质组成特征和矿石性质差别较大时，应按矿石的不同类型和工业品级分别采样，以利于进行单样选矿试验或混合样试验。

(4) 不同类型和工业品级的矿石，当其主要组分的平均品位以及伴生有益有害成分的含量差别较大时，应根据其品位变化特征，结合开采所划分的采区或中段分别采样，以利于分别进行单样选矿试验或混合样的选矿试验。

(5) 当矿体、围岩和夹石以及脉岩中含有贵金属、稀散元素和其他可供回收的成分时，要研究这些伴生组分的赋存状态和空间分布，采取有代表性的矿样，进行综合回收的试验研究。

(6) 对于矿床内存在一定数量的表外矿，应单独采样，进行选矿试验，评价其回收利用的技术性和经济性。

(7) 应采取一定数量的矿体顶底板围岩和夹石样品，在选矿试验时，按矿床开采混入废石种类、成分和比例将其配入选矿试验矿样中。

(8) 应根据试验研究单位的要求，采取一定数量的高品位矿样和近矿围岩，以便试验研究单位调整矿样可能出现的品位偏差或满足试验中的需要。

(二) 矿样粒度要求

试验矿样粒度一般小于50mm或小于100mm；半工业试验和工业试验矿样的粒度，应根据选矿方法、工艺流程和试验设备的要求确定。

(三) 矿样质量要求

矿样质量的要求一般根据矿石类型与性质、试验类型、规模与深度、选矿方法、工艺流程复杂程度、试验设备、运转时间等多因素确定。矿样的质量由试验单位提出。

（1）实验室扩大连续试验矿样的质量，通常有 5000～1000kg。

（2）半工业试验矿样的质量，根据试验目的、试验内容、试验设备、能力和运转时间等因素具体确定。

（3）含贵金属、稀有稀土元素的试验矿样的质量，按成分含量和试验中精矿设备要求的矿量计算。

（4）采用新设备、新药剂、新工艺、新技术的试验矿样质量，由试验研究单位提出。

三、采样点布置

采样点的科学合理布置是保证矿样具有代表性的关键。要在综合研究矿床地质条件的基础上，根据矿石性质的复杂程度，不同矿石类型和工业品的矿石的空间分布，矿山开采，选矿试验对矿样的代表性、数量、粒度（块度）、质量的具体要求，并考虑采样施工条件等，合理确定采样点的数量和位置。一般应注意以下几点：

（1）采样点应分布在矿体的各个部位。

（2）应能代表不同矿石类型和工业品级，兼顾到各类型矿石的物质组成和矿石性质的一般特征、伴生组分含量及矿物种类等。

（3）采样数量应尽可能多。在品位变化复杂地段，可适当考虑一定数量的备用采样点。

（4）应充分利用已有勘探工程和采矿工程，选择其中对矿石类型和品级揭露完全的工程地段作为采样点。

（5）深部采样点应尽量布置在保留有钻孔的矿岩芯（注意：不允许将岩芯全部采走）。

（6）要求采样数量较大的扩大连续试验、半工业试验矿样石，应布置专门的采样工程点。

四、配矿计算

配矿计算是采样的重要内容。具体选定采样点和各采样点采样质量的分配都是通过配样计算进行的。配样计算有反复增减计算和优化配样计算两种方法。反复增减计算方法的一般程序如下：

（1）确定采出矿样的个数。根据选矿试验对试样个数的具体要求，确定采出矿样的个数。

（2）确定采出矿样的质量。根据选矿试验要求的矿样质量，并考虑装运损失量、加工化验消耗量以及最终配样和缩分要求等因素对需要的量进行计算，确定采出矿样的质量。采出矿样质量的一般下限是：

①对于可选性试验，采出矿样质量的下限应不少于试样矿样质量的2倍。

②对于实验室流程试验，采出矿样质量的下限可按式（4-1）计算：

$$Q=Kd^2 \tag{4-1}$$

式中：Q——矿样（具有代表性）最小质量，kg；

d——矿样中最大颗粒直径，mm；

K——矿石性质系数，与矿石种类、有用矿物含量、嵌布粒度、密度和分布均匀程度等有关。

矿石的 K 值可通过试验方法求得。试验法求得 K 值的步骤是：取几份试样（具有同一最大粒度的平行样），按照不同 K 值破碎缩分，分别计算误差；选择品位误差不超过允许范围的最小质量，按 $Q=Kd^2$ 计算出最小 K 值，作为该矿床的 K 值。

③对于实验室扩大连续试验，采出矿样质量的下限应不少于试验试样质量的1.2倍，并可用式（4-1）验算。

④对于半工业试验和工业试验，采出矿样质量的下限应不少于试验矿样质量的1.2倍。

（3）确定采样需要控制的因素。根据同一矿样内各种矿石的工业品级、矿石类型、嵌布粒度、主要组分的平均品位及波动特性、伴生组分的含量及分布等特征，以及对选矿试验可能产生的影响，归纳出采取矿样时需要控制的因素。

（4）配备采样点矿样的采样质量。按采样控制因素统计各类矿石不同品位区间所占储量比例，计算分配各采样点应采取的矿样质量。

（5）调整矿样主要组分平均品位。根据不同品位区间初步选定的各采样点及分配的矿样质量，用质量加权法计算全部矿样主要组分的平均品位。如果此品位与采样要求差距较大，可通过改变部分采样点位置或改变某些采样点的采取质量，重新计算调整。如此反复多次，直到使矿样主要组分的平均品位符合采样要求为止。

（6）调整矿样伴生组分的平均品位。根据上述确定的采样点和各采样点采取的质量，再根据各采样点的伴生有益、有害组分的品位，用质量加权法计算全部矿样伴生有益组分的平均品位。如果此品位与采样要求差距较大，可通过调整部分采样点的采取质量，在保证矿样主要组分平均品位符合采样要求前提下，尽量使矿样重要伴生组分的平均品位与采样范围内的伴生组分平均品位基本一致。

（7）上述6项是采样设计反复增加配样计算方法的一般程序。还要注意两点：

①在采样过程中，如果各采样点采出矿样的实际品位与采样设计配样计算品位相差较大，且经过适当调整采样质量仍不能使采出矿样品位达到目的值时，应对品位超差大的采样点另行选点或补充适当采样点。

②在采样设计和采样施工中，允许有一定波动范围。对于主要有用组分，允许向下波动；对主要有害组分，允许向上波动；对于伴生有益组分，可适当放宽波动。

五、采样施工

在采样施工中应注意以下事项：

（1）采样的实际位置应与采样设计布置位置一致，各采样点的矿样采出质量应与采矿设计质量基本符合。在采样施工和矿样加工过程中，应防止杂物混入矿样，不允许随意损失矿样。

（2）为了使缩分出来的矿样能充分代表采出矿样，矿样加工应按程序（破碎、筛分、混匀、缩分）进行。缩分后的矿样质量必须大于（或等于）计算的质量。

（3）矿样品位的验证和调整。应检查采出矿样品位与采样设计的矿样品位是否符合。如果相差不大，可按各采样点要求的质量进行缩分、称重；如果相差较大，则需适当调整采样点的矿样采取质量，或在同一品位区间另行选点，或补充少量采样点，直至符合采样要求为止。

（4）矿样的包装与运输。采取的矿样应按不同采样点（或不同矿石类型、不同工业品级和不同品位）分别包装。矿样包装牢固，防漏防潮和便于搬运。每件矿样包装箱内外的说明卡片和总送样单必须填写清楚。矿样说明卡要标明矿样的种类、编号、采样地点、实际质量等，并将说明书和矿样托运单发送给试验研究单位。留有备用的副样也要保存好。

六、采样说明书

采样工作完成后，应由采样单位编写详细采样说明书。其主要内容有：

（1）编制单位；

（2）试验目的和对采样的要求；

（3）矿床地质特征及矿石性质简述；

（4）矿床开采技术条件简述；

（5）采样施工方法的确定和采样点布置的原则；

（6）矿样加工流程和加工质量；

（7）配矿计算结果；

（8）矿样代表性评价；

（9）矿样包装说明；

（10）矿床采样要附有比例为 1：1000 的采样位置分布图。

第二节　矿床采样

一、矿床采样类型

矿床中采集的样品大致可分为如下几大类：

（1）岩、矿石鉴定样品。采集的样品主要用于岩石和矿石的鉴定，通过岩石学、矿物学和矿石学的方法对矿床矿石矿物成分、结构构造等进行研究，阐明矿床的基础地质特征，为矿床开发提供基础性资料。

（2）测定矿石化学含量的样品。主要是测定矿石中的有用组分、有害组分以及伴生组分的化学成分。有时采取精矿、尾矿、矿渣、废石等分别测定它们的化学成分，目的是确定矿石品位和资源储量估算、有益伴生组分和有害组分等。

（3）测定物理性能的样品，称为技术采样。

（4）矿石经济技术试验样品。主要是获取矿石开采、选矿、冶炼及其他加工方法的技术性能与技术经济指标的数据。

矿石经济技术试验可分为选矿与冶炼两大部分，其中以矿石可选性试验最为重要，是关系到矿床能否开发利用的决定性因素。矿石可选性试验在总体上可分为实验室试验（实验室流程式试验和实验室扩大连续试验）、半工业性选矿试验和工业性选矿试验3个层次。其中，工业性选矿试验主要是在选矿厂投产后进行。要根据矿石可选性试验不同层次进行样品采集工作。样品能够代表矿床整体的有用组分的平均品位与波动范围和有害组分的含量及其分配值，以利于工业部门采取技术手段进行处理。这类样品采集的件数不是很多，一个矿区最多采集3~5个样品，每件样品质量都较大，有的达1000~2000kg。

二、采样设计

采样设计的任务是选择和设置采样点，进行配样计算，并据此分配各个采样点的采样量。在编制采样设计之前，地质部门要提供完整的地质勘探资料，采矿部门提出矿区开采范围、开拓与采矿方案，选矿部门与选矿试验委托单位提出采样要求，确定采样的个数，明确矿样的质量、粒度以及包装运送等。

采样设计工作程序大致可概括为以下几点：

（1）明确采样目的。明确采集样品是用于哪一类试验，要解决什么问题。目的明确后，才能有针对性地做出相应的工作计划。

（2）采样位置的确定。当采样目的明确后，要在矿床范围内科学合理地布置采样点。采样点是在矿体中不同位置采取矿样的地点。采样点要针对矿石可选性试验的样品、矿石物理性能测定的样品，在矿区地质研究的基础上，按矿石工业类型，选择有代表性的区段进行布置。还要考虑其代表性和系统性，能保证采样的质量。采样点的选择：①应选择在能充分代表研究的矿石特征、勘探或采矿工程好的地点。②应选择矿石自然类型最多、勘探工程最完全的地段，可减少采样工程量。③采样点应大致均匀分布在矿体各个部位，不宜过于集中。④采样的数量应尽可能多些。一个自然类型的试样，采样点不能少于 3 ~ 5 个。⑤采样间距或密度的确定。大多数采用方格网度。其方法是在采样区段的平面上画上格网，在格网交点上采样。格网可以是正方形、菱形、长方形等。采样点个数根据矿化均匀程度及采样面积的大小确定。矿化均匀的矿体（脉），采样点可少些，其交点距离可大些；对于矿化不均匀的矿体（脉），采样点可多些，其交点距离就小些。

（3）采样方法的选择。一是取样的技术方法，二是采样的规格、样品长度及其断面大小。采样方法的选择都要以采样目的为依据，以获得最佳效果为目的。在采样规格的选择上，要考虑矿种、矿床类型及其产出特点等因素，做到准确合理、技术可行。

（4）在采样工作实施中，要将采样器具或机械设备准备就绪。

（5）样品包装、编号、登记。样品采集后应及时装入专用样品袋中；对于不易保存或易氧化的样品在现场应立即处理，装瓶、蜡封、装入密封袋等。同时，要对样品进行登记、编号。

（6）采样点的编录、素描或拍照。样品采集后应对采样点的采样部位、样品分布等进行野外编录或素描，还要拍照或录像，为地质资料保存、日后综合研究所用。

（7）样品清理工作。主要对样品中混入的杂物进行清除，如刻槽取样中混入的土、砂矿、残坡积矿等。对于钻孔岩芯上的污泥也要清除。处理过程中一定要防止样品被污染或相邻样品间的混合，以及样品编号在清理中混淆的现象。

（8）样品加工处理。样品清理后有部分样品要进行加工处理，如送实验室进行化学成分分析的样品，其中钻探岩芯要进行 1/2 劈芯处理。有的样品还要进行粒度试验，确定最佳粒度，然后对样品进行过筛、缩分等一系列处理。部分测定物理性能的样品还需进行单矿物分级挑选。总之，样品处理要依据采样对象的矿化均匀程度，及样品受理单位对样品的粒度、数量等要求进行。

（9）样品送交实验室。样品处理后一定要送到有资质的实验室进行分析化验或测试。填写好送样清单。当送样清单上的样品数量和编号与实际送样的数量与编号完全对应时，可送交给实验室。从每批次送往实验室分析化验的样品中抽取 5% 左右的样品，将其一分为二，将同批次样品同时进行分析化验，以便通过分析结果的比照评定本批次分析化验的精度（俗称内检）。有时需在同批次样品中选取数量不少于 5% 的样品，往上一级中心实验室化验（俗称外检）。

（10）综合整理工作。分析化验结果出来后，依据"内检"与"外检"的资料判定该批次分析化验结果的精度与可靠性，差别较大者应予返工；符合精度要求者，及时进行整理，编制相应图件、表格；若有遗漏，应及时补采样品。要将分析化验结果填写在有关图件及附表中。

三、矿床样品的主要采样方法

（一）剥层采样法

剥层采样法是沿着矿体出露部分，剥下一薄层的矿层或一小段细脉状矿脉作为样品。一些矿层薄或矿脉细以及矿石品位分布不均匀的矿床，用剥层法采样可以获得较好的效果；在脉状热液型有色金属、稀有金属矿床中，剥层采样法采用较多。在一些矿化极不均匀且矿石矿物粒度粗大的矿体、矿石矿物呈粗颗粒的网脉状矿体中，剥层法采样面积大，样品量多，可减少因个别粗颗粒矿物的加入引起的干扰，获得较为可靠的样品品位。

剥层法采样的长、宽规格一般没有严格规定。当采样的矿体厚度较薄时，取矿层面积要大些，反之亦然，一般以能获得一个样品规定的质量为准。剥层法采样在沿脉坑道中也要按一定的间隔进行，应在采样之前考虑好采样间距问题。若是矿体中存在不同矿石类型，在采用剥层法采样时应将它们区分开，分段采样，剥层深度以 25 ~ 100mm 为宜。

（二）刻槽采样法

刻槽采样法是在矿体上开凿一定规格的样槽，将槽中凿下的全部矿石作为一个样品。当断面规格较小时，可用人工凿取。在规格较大时，可采用机械凿取，或浅眼爆破凿取。在脉状、层状矿体等暴露面积较小的情况下，采用刻槽法。采集的每个样品的刻槽横断面较小，样品量有限，易受到不均匀的粗颗粒矿石矿物的影响，样品品位发生偶然性变化。采样的范围均有较严格的控制，常限定在层状矿体的顶、底板之间或脉状矿体的两侧围岩之间，不得超出边界，以免混入围岩，影响矿石品位。

在沿脉坑道（平行或沿着矿体走向掘进）中采用刻槽法采样时，刻槽方向要垂直矿体厚度方向，按一定间距进行。矿化均匀者采样间距可大些，如矿体变化性相对较稳定的脉状金属矿床，采样间距可相对放宽；矿体变化性较大的扁豆状伟晶岩型稀有金属矿床，采样间距应相对加密。目前在不同矿种、不同矿床中，采样间距往往是采用经验数据确定，很少是通过试验结果确定的。很多矿区沿脉中采样，采样间距往往是勘探间距的偶数分之一，如1/2、1/4、1/6等。沿脉坑道中采样一般是在顶板或在掌子面上进行。样品采集后应在顶板采样位置上用红油漆标注样品编号，且要做到顶板采样点、装样品口袋、坑道编录图和样品登记簿上四者编号完全一致。在穿脉坑道中的刻槽采样，是在穿脉坑道的两壁或一壁一顶进行，在实际执行中一般多在一个侧壁上采样，当矿化极不均匀时采用两壁同时采样。采样要垂直于矿体厚度的方向、按不同矿石类型进行分段采样。

每个样品采样的长度一般为1~2m，原则不能大于工业指标规定的最低可采厚度和夹石剔除厚度。刻槽断面的宽 × 深规格大小与不同矿种、矿床类型及其矿化均匀程度有关，大宗的铁、铜、铅、锌矿以及大部分非金属矿产等，采样断面的宽 × 深规格一般为5cm×2cm，个别化较大的矿体为10cm×3cm。金、钯、铂等贵金属和稀有金属矿产，样断面的宽 × 深规格普遍较大，一般为10cm×5cm；对于较大化的断面，宽 × 深甚至可增至20cm×5cm。坑道采样工作通常与编录工作同时进行。

（三）全巷法采样

全巷法采样为坑道在矿体中掘进时采用的方法，是将坑道中挖掘出来的一定长度的矿石全部作为一个样品。显而易见，全巷法采样比其他采样方法获得的样品更多。目前对固体金属矿产而言，全巷法采样主要用于矿石经济技术试验。全巷法采样既可在沿脉坑道，也可在穿脉坑道中进行；采样必须是在矿体中进行，最好是单一类型的矿石，不能混入围岩与夹石。采样长度要依工作需要和矿体实际情况确定，以满足样品所需质量为原则。样品在坑道中采集后要在现场及时包装，尽量减少中间环节。

(四) 钻探岩芯采样法

进行钻探岩芯采样工作应具备两个先决条件：一是岩芯保存要完整，二是要系统观察与编录。岩芯保存完整是采样的基础，既要求岩芯采取率高、岩芯实物保管、钻探编录资料完整无缺，又要求岩芯管理 (岩芯编号、岩芯箱编号、储运、入库、排放等方面) 等完备。在采样时，系统地观察岩芯和相关编录，是岩芯采样工作的依据。钻探岩芯的采样方法是沿着岩芯长轴方向，通过岩芯横截面的圆心，将岩芯劈分为对等的两半或4份，取其中一半或1/4作为样品。每个岩芯样品的长度按规范要求，同矿种和不同矿床类型有所不同，一般每个样品长度为2m。在钻探岩芯采样时，岩芯劈样后，应及时将样品装入样袋中，在样袋表面写上样号。劈分后，若一个样品袋装不下一个样品，可分装在若干个样品袋中，每个分装的样品袋都应有相应的编号。样品袋上的样品号要与送样单、样品登记本和钻孔地质柱状图上的样品号完全一致。

(五) 爆破采样法

爆破采样法是在坑道内穿脉的两壁、顶板上，按照预定的规格打眼放炮，将爆破下的矿石全部或从中随机分出一部分作为矿样。爆破采样法适用于要求矿样量很大、矿石品位分布不均匀的情况。采样规格视矿体空间分布、有用组分、矿石类型等情况而定。通常长和宽为1m，深度为0.5～1.0m。

第三节　选矿厂采样

一、选矿试验样品的具体要求

矿石加工技术试验也称选矿试验，一般可分为矿石可选性试验、实验室流程试验、实验室扩大连续试验、半工业选矿试验和工业试验。对矿石选矿试验的采样要求是，所采取样品具有代表性。矿床中的不同矿石类型须单独采样；矿区中几种矿石类型进行混合选矿试验，要根据各矿石类型的储量比例进行混合配矿。当矿体中存在有可供利用的伴生有用组分时，采样应考虑其含量和分布情况，以便试验时研究其赋存状态及综合回收试验工作。采样单位与生产设计部门、负责试验单位共同商量采样的原则、要求。采样方法采用剥层法、刻槽法、全巷法、岩芯取样等方法。

各级别选矿试验要求如下。

(一) 矿石可选性试验 (初步可选性试验)

矿石可选性试验 (初步可选性试验) 是对矿石的可选性能进行初步评价，主要是进行矿石矿物组成和化学组成的研究，提出初步的选矿结果资料，如精矿和尾矿品位、回收率、伴生组分综合利用的可能性等。试样质量一般为几十到几百千克。

(二) 实验室流程试验

实验室流程试验是在矿石矿物组分、化学成分以及矿石矿物粒度大小、嵌布特征等研究基础上进行的选矿工艺性能研究，大致确定精矿品位和尾矿品位及其回收率等选矿指标、选矿流程和伴生组分利用的可能性，主要是取得矿石可选性能及较为合理的选矿方法、流程的详细资料。其要求是：

(1) 详细研究矿石中的物质组成，查明矿石中的矿物组成、粒度大小、嵌布特征、结构关系、共生关系、有用元素和有害元素的赋存状态；确定各组成矿物的百分含量和矿石氧化程度及含泥量；研究合理综合利用和分离有害杂质的方法，并提交化学分析、光谱分析、物相分析资料。

(2) 提出较合理的选矿方法及流程。

(3) 确定混合处理不同类型矿石的混合比例和可选性能。

(4) 提出可供工业利用参考的选矿指标，以及伴生组分综合利用的评价资料。

(5) 试样的质量取决于矿石的复杂程度及试验项目的要求，一般为几百千克到 1000 千克。

（三）扩大连续试验

扩大连续试验是在实验室流程试验的基础上，为进一步检验选矿各项指标及其流程可靠性进行的连续性稳定试验，以保证工艺流程的稳定性。对于物质成分比较复杂、缺乏选矿实践的新矿石类型，为确定合理的技术经济指标和选矿工艺流程提供基本依据，也要进行扩大连续试验。有时为了校核和验证详细可选性试验单机确定的工艺流程和选矿指标是否可靠，也需要进行模拟生产式的实验室扩大试验。试验质量根据试验设备的规模和加工流程的复杂程度确定。一般需要数吨。

（四）半工业试验

为模拟工业生产方式，需进行一定时间的连续性选矿试验，检验其实际效果。建设大型选矿厂，或对复杂难选的矿石，为确定合理选矿工艺流程和技术经济指标，也需要进行半工业试验。试验的样品质量应根据设备规格、处理能力以及所需的试验时间来确定。

（五）工业试验

工业试验是对极为复杂、难选的，需要建设大型选矿厂，为了确定合理的选矿工艺流程和技术指标，在工业试验厂中或已投产工厂的某个系列中进行的试验。有时为了采用新设备、新工艺也需要进行工业试验。试样质量应根据工厂生产规模以及需要试验的时间确定。当采用新设备进行工业试验时，所需试样质量按设备能力确定。

二、选矿厂采样

选矿厂采样是选矿生产管理和技术管理的重要环节，对于选矿厂实现各项技术经济指标起到及时监督、及时调整、及时改进的作用。只有通过取样与考察，才能查明妨碍工艺工程的不利因素，采取有效技术手段完善工艺过程。根据研究和考察目的的不同，可分为选矿厂日常生产取样、全流程考察取样、磨矿回路考察取样、浮选回路考察取样、细筛作业效果考察取样、跳汰机分选效果评价取样、尾矿浓缩流程考察取样等。

(一)选矿日常取样技术检查

选矿日常取样技术检查(计算)的内容主要有:

(1)选矿数量指标,包括原矿处理量、精矿金属量、金属回收率;

(2)选矿质量指标,包括原矿品位、精矿品位、精矿水分、尾矿品位等;

(3)选矿过程工艺因素指标,包括矿石粒度、矿浆浓度和酸碱度、药剂制度等;

(4)动力及原材料消耗等。不同研究和考察的目的,要求的采样种类和数量、样品分析测试项目等各不相同。因而,选矿厂采样需要根据具体的目的,制定科学合理的采样方案。

(二)选矿厂采样流程和采样表

选矿厂采样就是用一定方法从大批物料中取出少量有代表性物料的过程。所取出的这部分物料称为试样。若干份之和称为平均试样。

选矿厂采样点的数量多,采样时间长,要根据试验和考察的目的编制采样流程和采样表,保证试样的代表性,以满足试验和考察的需要。

1.采样流程图

采样流程图是根据采样要求选取采样点后,用顺序号或符号将采样点标注在选矿工艺流程图的对应位置上,即标注了全部采样点的选矿工艺流程图。采样流程图上可标注采样点的位置与序号,对每个采样点的要求可在采样表中显示,也可直接标注出采样点及相关要求。根据需要,采样流程图多为选矿全流程图,或部分流程。流程图绘制后,可运用自动化技术,实现在线监测、自动取样,保证样品的代表性。

2.采样表

采样表对采样流程图做进一步补充和文字说明,使采样工作更为明确。采样表主要包括试样种类、名称、采样点、采样时间、应检查测定项目等。采样表的内容可根据不同选矿工艺流程、选厂的具体要求有所不同。

(三)采样点的选择

在选矿生产过程中,采样点的选择一般按照以下要求进行:

（1）为获取选矿产品的产量，计算和编制生产日报需用的原始资料，如原矿品位、原矿处理量、原矿水分、精矿品位、尾矿品位等，需要在磨机的给矿皮带上、分级机或旋流器溢流处、精矿槽（箱、池）、尾矿槽（箱、池）等处设立采样点。在磨机的给矿皮带上设立磨矿计量点。

（2）在影响选矿的数量、质量指标的关键作业处设立采样点，如在分级机、旋流器溢流处设立浓度、细度采样点。

（3）在容易造成金属流失的部位，如浓缩机溢流、各种砂泵（池）、磨选车间总污水排出管、干燥机的烟尘等处，设立采样点。

（4）为编制实际金属平衡表所需要的原始资料，如出水精矿水分、出厂精矿数量和质量等，在皮带运输线以及出厂精矿车辆处设立采样点等。

（5）对评价选矿工艺的数量和质量流程，应在全流程各作业的给矿产品及尾矿处设立采样点。

（四）采样方法

选矿厂采样有静置物料采样和流动物料采样。

1. 静置物料采样

静置物料有块状物料堆和细磨物料堆两种。静置块状料堆有原矿堆场、废石堆。细磨料有精矿仓（堆）、车厢、尾矿场。静置物料采样方法有挖取法（舀取法）、探井法、探管法、钻孔法等。

（1）挖取法（亦称舀取法）。在物料堆表面一定地点挖坑取样。采样操作一般采用点线法或网格法布置取样点的密度。在采样堆的整个表面上先沿一个方向画出相互平行、相隔一定距离的横线，在线上相隔一定间隔处（0.5～2m）布设一个采样点。用铁锹（铲）垂直矿堆表面，挖出深为0.5m的小坑，在坑底或沿坑断面采样；并考察每个点的取样量、物料组成沿厚度方向分布的均匀程度等因素。各点采样质量应正比于各点坑至坑底的垂距。将各点采集的样品混均匀，作为该矿堆的样品。

（2）探井法。从矿堆上部的一定地点挖掘浅井采样。由于矿石堆积厚大，物料在厚度方向会发生粒度、密度偏析现象，导致从矿堆顶部到底部矿石或物料的物质组成、粒度组成有较大变化，仅从矿堆表层取样，很难保证样品的代表性。每个矿堆或物料堆的探井数目与间距应根据堆场实际情况、试验目的确定。但探井一定是从矿堆顶部垂直挖到底部。在挖井时，每进一层（1~2m），须将挖出的矿石（物料）分别堆成几个小堆，再对每个小堆用挖取法采样，然后再将它们合并成一个样品。

（3）探管法（探钎法）。探管法是指采用探管由上向下插入物料底部，矿样进入探管内，拔出探管后将管内物料取出作为样品的方法。探管采样要求采样点分布均匀，每个样点采样数量（质量）基本相等，表层和底层均要采到，采样点数目不得少于4个。该方法适用于分布均匀的静置松散粉状物料的采样。

（4）钻孔法。钻孔法是在矿堆（物料堆）采用钻孔采样的方法，主要有机械钻、手钻或普通钢管人工钻孔等。钻孔采样要对矿堆进行采样网度或点线布置，确定采样网度或采样点、线间距。采样点间距一般为1~3m，对于面积较大的物料堆、尾矿库可为5~10m。采样深度要到达矿堆底部。在尾矿库取样需要注意的是，尾矿最重颗粒聚积在尾矿溜槽口附近处，采样点布置应按放射状直线排列采样点。从倾注尾矿的溜槽口开始采样，距溜槽口远，采样间距可适当增大。

2.流动物料采样

流动物料是指运输过程中的物料，包括车辆运输的原矿、皮带运输机以及其他运输机械上的干矿、给矿机与溜槽中的料流、流动中的矿浆等。流动物料的取样采用横向截取法（横向截流法），即每间隔一定时间，垂直于物料流动方向截取少量的物料作为样品，将一定时间内截取的多个小份样品累计起来作为总试样。取样代表性主要取决于物料流组成变化、截取频率。流动物料取样方法有抽车取样、运输皮带取样、矿浆取样。

（1）抽车取样法。当原矿石是用小矿车运来选厂时，可用抽车法取样。一般间隔5车、10车、20车抽取一车。间隔多少取决于取样期间来车的总车数。为保证试样的代表性，所抽取的车数不宜太少。如果抽车所得的样品量太大，可用堆锥四分法缩分，或在转运过程中用抽铲法，即每隔若干铲抽取一铲的缩分法。

对于原矿抽车取样，实际上是从矿床取样，抽车只是一种缩分的方式。取样代表性不仅取决于抽车法操作，还与矿山运来的矿石本身代表性有关。

（2）运输皮带取样。在选矿厂对于松散物料、入选矿石，多是在皮带运输机上取样。取样方式是利用一定长度的刮板，每隔一定时间，垂直于运动方向沿料层全宽和全厚均匀地刮取一份物料作为试样。刮取间隔时间为15~30min。取样总时间为一个班次或几个班次。

（3）矿浆取样。矿浆取样包括原矿（一般取分级机溢流）、精矿、尾矿及中间产品。现场生产都用自动采样机采取一个班次样或几个班次样，供分析化验用。

人工取样的工具为各种带有扁嘴的容器（取样壶、取样勺、取样桶等）。这类容器进样速度慢、容积大，在截取时允许停留时间长些。取样时沿料流全厚与全宽取样；不能出现已接入容器的样品重新被料流冲出，影响样品的代表性。取样点设立在溢流堰口、溜槽口、管道口，不要直接在溜槽、管道或储存容器中取样。取样时应将取样口长度的方向顺着料流，以保证料流中整个厚度（深度）的物料都能截取到。把取样器垂直于料流方向匀速往复截取几次，以保证料流整个宽度的物料都能均匀地被截取到。每次取样间隔时间15~30min。取样总时间不少于一个班次。若是采取大量代表性样品时或考虑3个班次的波动时，总时间不得少于3个班次。如果物料被氧化，会影响试验，要适当缩短取样时间。在容易氧化的硫化矿浮选试样中，矿浆试样不能作为长期研究的试样。在现场实验室采取矿浆试样时，只能随取随用，采用湿法缩分，不能将试样烘干。

第四节　试样的制备

在矿床、实验室、选厂中采取的原始试样都需要经过破碎、筛分、混匀、缩分等加工过程，制备出供具体分析、鉴定、试验项目使用的单份试样。

一、制备样品的一般要求

经过加工的试样不仅要满足各种具体项目的分析试验对试样质量、粒度的要求，还要在物质组成、物理化学性质方面能代表整个原始试样，因此对样品制备过程有相应的要求。

(一)试样缩分要求

试样缩分就是采用一定方法从大量样品中分离出少量有代表性样品的过程。在缩分前,要掌握此次样品所需的数量、质量、粒度等,保证制备试样能满足全部项目的分析测试、鉴定和试验项目的需要。计算出在不同粒度下为保证试样的代表性所必需的最小质量,从而确定在何种情况下可直接缩分,以及何种情况下需要破碎一定粒度后才能缩分。应尽可能在原始矿样状态下或较粗粒度下分出备用试样,以便今后需要再次制备出不同粒度的试样。在保存时应避免氧化和污染。缩分方法主要有堆锥四分法、二分器法、方格法等。

(二)试样粒度要求

矿石在可选性研究前需要准备的单份试样可分为两类:一类是物质组成研究,另一类是选矿试验研究。研究矿石中矿物嵌布粒度特征用的岩矿鉴定样品应直接采自矿床。供显微镜定量分析以及光谱分析、化学分析、物相分析等试样,可从破碎至 1~3mm 的样品中缩取。浮选和预选试样可直接从原始矿样缩分取得。重选试样的粒度,取决于预定的入选粒度。若入选粒度不能预定,则可根据矿石中有用矿物的嵌布粒度,估计可能的入选粒度波动范围。制备几种具有不同粒度上限的试样,供选矿试验方案对比使用。

实验室选矿试验(浮选和湿法磁选试验)试样应破碎到实验室磨矿机给矿粒度,一般为 1~3mm。对于易氧化的硫化物矿石的浮选试样,只能随着试验的进行,一次准备一批短时间内使用的试样。

(三)试样质量要求

在实际工作中,总是确定一个有代表性的最小试样质量。影响最小试样质量的因素有物料的最大块度、矿物嵌布粒度特性、物料中有价组分的含量、各矿物组成密度的差异以及允许的误差等。目前采用式(4-1)确定试样的最小质量,与矿石性质有关的系数除贵金属外,一般在 0.02~0.5 之间。若试样实际质量 $Q \geq 2Kd^2$,则试样不须破碎即可缩分。若 $Q < 2Kd^2$,则试样需要破碎到较小后才能缩分;若 $Q < Kd^2$,则试样的代表性有问题。

(四) 含泥样品在制备前要进行洗矿

含泥矿石黏度大，破碎和缩分都比较困难。洗出的矿泥，若经化验证明可废弃，则单独保存，不再送下一步加工和试验；否则就必须同其他选矿产品一起，分别按试验流程加工。

二、样品制备作业方法

(一) 块状试样的制备

块状试样的加工包括破碎、筛分、混匀、缩分等工序。

1. 破碎

粗粒块状样品一般需要破碎，以达到试验要求的颗粒大小，或满足后续的磨矿、缩分等需要。在实验室中通常采用小型颚式破碎机、对轮机、盘磨机进行破碎。一般采用三阶段破碎。第一段破碎机给矿最大块度在100mm，不能超过140mm；第二段给矿最大块度小于100mm，排矿粒度控制在6~10mm。第三阶段多用对辊机进行，排矿粒度可以控制在2~3mm以下。若要制备分析试样，破碎产品要经过盘式磨机细磨。在破碎每个样品前要清扫各个部位，以免其他的样品残留，造成混染，影响样品的代表性。不同品位矿样必须分别破碎，并先破碎低品位矿石样。

2. 筛分

为了控制产品粒度和提高破碎效率，试样破碎过程中通常要进行筛分。实验室作业通常采用标准筛在振筛机上进行。随着破碎进行，逐步进行筛分。筛上物返回破碎。所有筛下物按 $Q=1/2Kd^2$ 公式缩分到可靠的最小质量。

3. 混匀

混匀是试样加工的重要工序。为获得均匀的样品，在缩分前需要细致混匀样品。常用的混匀方法有以下几种：

（1）堆锥法（移堆法）。将矿样在干净的水泥地面（或铺有橡胶、钢板等的地面等）上堆成锥状的矿堆。将矿样以某一点为中心，分别把带混的矿样自中心点徐徐倒入，形成第一个圆锥形矿堆。在互成180°角度的圆锥两侧，从圆锥直径的两端用铲子由堆底铲取矿样，放置到另一中心点上。两侧以相同速度沿同一方向进行，将矿样堆成新的圆锥形堆。如此反复5次或7次（取单数次），即可将矿样混匀。

（2）环堆法。将第一次堆成的圆锥形矿堆，从中心向外推移，形成一个大圆环。然后可自环外部将矿样再铲往环中心点逐步倒下，堆成新的圆锥形堆。如此往复5次或7次（取单数次），可将矿样混匀。

（3）滚移法（翻滚法）。将试样放置在一块橡胶布或漆布、油布中间，然后提起布的一角，让试样滚移到对角线后，再提起相对的另一角。依次四角轮流提过，即滚移一周。如此反复多次，直到试样混匀为止。一般一个试样要滚移15~20周以上。该法适用于选矿样品、细粒及量少的试样混匀。

（4）槽型分样器法。槽型分样器是专用工具。形状为长方形的槽体，中间用薄铁板间隔成一系列长方形的小槽，相邻的小槽下部排料口位于左右相反的两侧。物料由上部给入，流经小槽后分成两个部分。小槽宽度大于物料最大颗粒尺寸的3~4倍。对于少量细粒（<5mm）或砂矿样，往往可采用槽型分样器反复二等分，混匀试样。

4. 缩分

常用的缩分方法有如下几种：

（1）堆锥四分法。将混匀的矿样堆成圆锥形堆，用薄板切入一定深度后，旋转薄板将矿堆展开呈平截头圆盘状，再用十字板通过中心点分隔成4份，取对角线部分合并为需要的试样。其实质是把试样一分为二进行缩分。可以如此反复进行，直到把试样缩分到所需的量。适用于细粒（<5mm）矿样的缩分。

（2）二分器法（槽型分样器法）。将矿样沿二分器上端的整个长度徐徐倒入，也可沿长度往返缓慢倒入，使样品分成两部分，取其中一部分为需要试样。如果矿样量大，可再行缩分，直至达到要求的量为止。

（3）方格法。将混匀的矿样薄薄地平铺在油布或胶布上，形状可为圆形、方形、长方形等，然后在表面上均匀地划分出小方格，用小平铲或小勺逐格采样。每小格采样量的多少根据所需确定。为保证采样的准确性，方格要划均匀，每个采样量要相等。

（二）矿浆样品的加工

为了检验磨矿细度，评价磨矿、分级设备的效率，选厂要对磨矿机排矿、分级机或旋流器溢流进行采样，进行粒度测定。此类试样在加工过程中必须保证原物料的粒度不变。其加工工序如下：

（1）矿浆缩分。通常在矿浆缩分器或二分器中进行。注意在操作时严禁矿浆泼洒。矿样和冲洗水要均匀倒入缩分器中，使缩分后备份样品的质量相当。

（2）水筛。将矿浆缩分器中的一份试样进行湿筛。筛分时要分批投入试料（少于100g）。检查筛分可重点放在一个装有1/2或1/3水的盆子（或槽子）中进行。在盆中进行湿筛，然后将筛子取出，检查盆中是否有筛下物。若无筛下物料或无痕迹，则表明筛分终了。水的浮力可能使本可以过筛的细粒物料没能过筛。因此，要进行筛上物烘干，进行干筛，也叫检查筛分。

（3）干筛。筛上物烘干后，用分样板轻轻将结团压碎分开，严禁研磨。待物料冷却到室温后，再放入筛中进行干筛。在胶布、白纸或油布上检查筛分。如果1min内通过筛孔的物料少于筛上残留物料的0.1%，可认为已到筛分终点。

（4）过滤。过滤前先将滤纸称重，夹好样品标签和记录滤纸质量。在过滤器铺好滤纸后，用细水流均匀打湿滤纸，并轻按滤纸与滤盘，使两者接触严密。真空泵开启后（或打开真空阀门），将矿浆试样均匀缓慢倒入过滤盘内过滤。过滤后，关闭真空泵，取出滤纸，进行矿样烘干。

（5）烘干。在专用烘干箱中进行烘干。需要注意的是，烘干温度保持在105℃左右，需防止烤糊或滤纸烧焦。检查样品是否烘干时，可将样品取出，放置在干燥的胶板、混凝土平台上。如果在板上或平台上没有湿的印痕，则表明烘干；也可每隔一定时间取出样品称重，若相邻两次质量不变，说明物料已经烘干。

（三）化学分析试样的加工

选矿厂原矿、选矿产品化学分析试样加工的具体过程是：过滤—烘干—混匀—缩分—研磨—过筛—缩分—分样（正样和副样）—装袋—送检（化学分析）。

过滤后试样的混匀和缩分，一般在胶布、油布上用滚移法进行，也可在研磨板上用移锥法进行。缩分多用薄圆盘四分法进行，取对角线的2份作为正样，其余2份为副样。样品装袋前，要标明试样名称、编号、班次、日期、要求分析元素等内容。样品加工者需在样袋上签名。送化学分析样品的质量应根据分析元素多少而定。单元素分析样品量一般为1~30g。

三、样品验收

（1）按照样品交接的有关规定收样，与送样人进行咨询和沟通，明确送检目的，要求客户送样时应填写委托书一式两份。委托书内容应包括送样编号、样品名称、样品状态、分析项目、K值、要求完成日期和其他应明确的约定事项，并有客户签字。物相分析样品应附相应的岩矿鉴定资料。

实验室接收样品人员应按委托书逐一对照验收样品。凡样品与送样单不符、样品规格不符合要求、实验要求不明确或不合理、编号不清楚、出现缺样或样品编号重复等情况，接收人员应向客户（或客户代理人）提出，协商解决，并在两份送样单上注明。送样单修改处应有客户（或客户代理人）的签名。

用布袋或纸袋包装的样品，在袋上应有清晰的编号，并在袋内装有样品标签。样品在运送途中因震动、挤压、受潮而使包装袋破碎，样品互相混杂或样品编号不清者，不能验收。

经过清点验收，样品符合要求，由实验室样品接收人员在两份送样单上签名并注明收样日期，一份交客户保存，另一份留存实验室。

样品经验收后，实验室管理人员应在送样单上编写批号和各样品的实验室分析编号，并进行登记。实验室的批号和分析编号应具不可重复性（编号要求唯一性）。

（2）根据客户的要求或送检样品的性质，确定分析方法。在分析方法没有被明确要求时，优先选择以国际、区域、国家或地方标准发布的分析方法，其顺序是国家标准→行业标准→企业标准。

（3）依据所获得的分析方法，认真解读该分析方法的原理，确定检验所用的标准滴定溶液、指示剂、辅助溶液；通过计算以确定各种试剂的量和浓度，出具检验所需的药品、仪器、溶液准备清单，确定所用溶液的配制、标准滴定溶液制备和含量测定的操作步骤。

四、副样管理

(一) 副样保存时间

(1) 区域地质调查和区域矿产普查工作结束，报告经批准后，副样应根据不同情况处理。

①可及时处理的副样包括以下几种：

a. 区域化探 (原生晕、次生晕、分散流) 样品；b. 外部检查分析样品；c. 自然重砂和人工重砂的原矿样品、轻矿物部分；d. X 射线鉴定和差热分析样品；e. 非金属矿的物化性质和工艺性能试验样品 (不包括应按规定权限处理的特种非金属矿，如压电水晶、金刚石等)。

②应保存五年的副样包括以下几种：

a. 基本分析样品 (若分析结果经外部检查质量符合要求和基本分析的组合样品中伴生有益、有害组分已经进行检查，则基本分析样品可在地质报告批准后及时处理)；b. 自然重砂和人工重砂的重矿物部分；c. 岩矿鉴定及古生物标本和光薄片。

(2) 矿产普查和详查阶段的地质报告审查批准后，凡已做出否定评价的矿区 (点) 的样品副样无继续保存的必要，一般即可处理。凡矿区由普查转入详查阶段，或由详查转入勘探阶段，在本地质工作阶段报告批准后按下述两种办法处理：

①可以及时处理的样品副样。其包括以下几种：

a. 区域化探 (原生晕、次生晕、分散流) 样品；b. 外部检查分析样品；c. 自然重砂和人工重砂的原矿样品、轻矿物部分；d. X 射线鉴定和差热分析样品；e. 选 (冶) 试验原矿样品及产品；f. 非金属矿的物化性质和工艺性能试验样品 (不包括应按规定权限处理的特种非金属矿，如压电水晶、金刚石等)。

②需要保存到下一阶段工作结束时的副样。其包括以下几种：

a. 基本分析样品 (若分析结果经外部检查质量符合要求和基本分析的组合样品中伴生有益、有害组分已经进行检查，则基本分析样品可在本地质工作报告批准后及时处理)；b. 自然重砂和人工重砂的重矿物部分；c. 岩矿鉴定标本及光薄片；d. 选 (冶) 试验原矿样品及产品。

（3）勘探工作结束，报告经正式批准后，可与有关归口工业部门联系，如果需要样品副样，则可办理移交手续；如有关工业部门明文不需要，副样则自行处理。若勘探报告经批准后，尚无工业归口单位，则实验样品副样应继续保存。

（4）下述实验样品副样，实验工作结束后保存一年，一般即可处理：

①易氧化和易变质的（如黄铁矿、煤）以及易水解盐类的矿产（如岩盐、镁盐等）分析样品 [注：对这类矿产，要求送样单位（地质勘探）必须做好作为副样保存的岩芯保管工作。]；②普查拣块样品；③岩石和土的物理性能试验样品；④岩石弹模变形试验样品和岩石的密度测试样品。

（5）下述试验样品，实验工作结束发出报告后，一个月内无质量疑义即可处理，一般不保存副样：

①水质分析样品；②易变质的硫化矿选冶试验样品；③岩石和土的力学试验样品；④岩石、矿石和煤的体重测试样品；⑤非本系统的单位所送的实验样品。

（6）对有问题或需进一步综合分析、综合评价、综合研究的实验样品、标本和光薄片应暂保留，待研究查清之后，按上述类别规定时间处理；对于某些特有的、新型的岩石、矿石、矿物标本、光薄片、地层命名或标准剖面、典型岩体、岩石标本和各队区域调查每个图幅代表性岩矿及古生物标本，应建立陈列室或送地质博物馆长期保存。

（7）凡是只有一份副样的样品，可在上述副样保存时间有关规定的基础上，根据本地区情况，予以适当延长。如送样单位已有副样，实验室的副样保存时间则可按原规定处理。

（二）副样保存

（1）必须建立专用的实验样品副样库，仓库应注意通风、防潮、防火。设副样架，指定专人负责管理，实行登记造册和送、收、移交样品签字制度。库内不得堆放杂物，经常保持库内整洁。

（2）实验样品副样一般均应装入牢固的牛皮纸袋（如为黄铁矿、煤或岩盐等易变质的样品，则应装入密闭瓶内），或使用不吸湿的容器保存，副样袋应写明批号；容器应写明送样单位和年批号，按一定顺序放入副样库，妥善保管。并保持整齐干燥，避免阳光直射，防止风化变质。

（3）岩矿分析一般只需保存一种副样，且以分析样品副样作为副样。分析样品副样的留存量：一般样品保留200g，贵金属样品保留500g；若为硫化矿物、岩盐等易变质的样品和沸石样品，以及详查、勘探矿区的内部检查样品，则应以0.84mm粗样400～600g作为副样；若为煤样，可从小于3mm的煤样中直接缩分出0.5kg作为副样；对于样品质量少，仅要求做工业分析的煤样，亦可以0.84mm粗样作为副样。粗副样保存质量，均应符合$Q=Kd^2$公式要求。

第五章 矿石的矿物组成定量分析

第一节 矿石化学成分分析

矿石化学成分分析的目的是确定矿石中的元素种类和含量，进而确定矿石的主要成分和次要成分、有益组分和有害组分的种类和含量，为矿物加工工艺技术提供基础数据。常用的化学成分分析方法有化学分析、光谱分析等。

一、化学分析法

化学分析是以物质的化学反应为基础的成分分析方法。化学分析是定量的，其根据样品的量、反应产物的量或所消耗试剂的量及反应的化学计量关系，通过计算获得待测组分的含量。

根据化学分析项目的类别，可将化学分析分为化学全分析、化学多元素分析。化学全分析是对矿石中全部化学成分的含量进行分析，所得到的化学成分结果之和为100%。通过化学全分析，可以掌握矿石中全部化学组成的种类和含量。一般是先进行光谱分析，查出元素种类，确定分析项目。化学多元素分析是对矿石中的多个重要或较重要元素的定量化学分析。化学多元素分析用于对原矿和主要选矿产品（精矿、尾矿）的分析，包括主要有益元素、有害元素以及造渣元素等。如铁矿石分析全铁（TFe）、可溶性铁、氧化亚铁、S、P、SiO_2、Al_2O_3、K_2O、Na_2O、CaO、MgO 等。

化学分析根据操作方法分类，有滴定分析法和重量分析法。

（1）滴定分析法。滴定分析法也称容量分析法，根据滴定消耗标准溶液的浓度和体积以及被测物质与标准溶液进行的化学反应计量关系，求出被测物质含量。滴定分析是依据溶液酸碱（电离）平衡、氧化还原平衡、络合平衡、沉淀溶解平衡的化学原理，进行元素定量分析，以此分为酸碱滴定法、氧化还原滴定法、络合滴定法、沉淀滴定法等不同方法。

（2）重量分析法。重量分析法是根据物质化学性质，选择合适的化学反应，将被测组分转化成一种组成固定的沉淀或气体形式，通过钝化、干燥、灼烧或吸收剂的吸附等一系列处理后精确称重，求出被测组分的含量。

对矿物的化学分析，一般需要质量500mg的纯度高的单矿物粉末。该方法准确度高、灵敏度不高，适用于矿物常量组分的定性与定量分析、新矿物种的化学成分的确定和组成可变的矿物成分变化规律的研究，不适用稀土元素的分析。

二、光谱分析法

（一）原子吸收光谱分析

原子吸收光谱分析指基于试样蒸气相中被测元素的基态原子对由光源发出的该原子的特征性窄频辐射产生共振吸收，其吸光度在一定范围内与蒸气相中被测元素的基态原子浓度成正比，以此测定试样中该元素含量的一种仪器分析方法。所用仪器为原子吸收光谱仪。样品用量仅需数毫克。原子吸收光谱仪具有灵敏度高、干扰少、快速准确的特点，可测试 70 余种元素。主要用于 10^{-6} 数量级微量元素和 10^{-9} 数量级痕量元素的定量测定。对稀土元素和 Th、Zr、Hf、Nb、Ta、W、U、B 等元素的测定灵敏度较低，对卤族元素、P、S、O、N、C、H 等还不能测定或效果不佳。

（二）X 射线荧光光谱分析

X 射线荧光光谱分析指利用原级 X 射线光子或其他微观粒子激发待测物质中的原子，使之产生次级的特征 X 射线（X 光荧光），从而进行物质成分分析和化学态研究的方法。不同元素具有波长不同的特征 X 射线谱，各谱线的荧光强度又与元素的浓度呈一定关系；测定待测元素特征 X 射线谱线的波长和强度，可进行定性和定量分析。X 射线荧光分析分为能量色散和波长色散两类。通过测定荧光 X 射线的能量实现对被测样品的分析的方法称为能量色散 X 射线荧光分析，相应的仪器为能谱仪。通过测定荧光 X 射线的波长实现对被测样品分析的方法称为波长色散 X 射线荧光分析，相应的仪器为光谱仪。该法具有谱线简单、准确度高、分析速度快、测量元素多、能进行多元素同时分析、不破坏样品等优点。可分析元素的范围为 $^{9}F \sim ^{92}U$。样品要求 10g 以下较纯单矿物粉末。用于常量元素和微量元素的定性和定量分析。对稀土元素、稀有元素的定量分析有效。

(三) 离子体发射光谱分析

等离子体是一种由自由电子、离子、中性原子与分子组成的在总体上呈中性的气体。等离子体焰炬呈环状结构，有利于从等离子体中心通道进样并维持火焰的稳定；较低的载气流速（低于 1L/min）便可穿透 ICP，使样品在中心通道停留时间达 $2 \sim 3ms$，可完全蒸发、原子化。ICP-AES 法是一种发射光谱分析方法，可同时测定多元素，分析元素除 He、Ne、Ar、Kr、Xe 惰性气体外可达 78 个。检测下限为 $1 \times 10^{-10} \sim 1 \times 10^{-9}$。样品最少可以至数毫微克粉末或液态样品。适用于矿物常量元素、微量元素、痕量元素的定性或定量分析。

第二节 分离矿物定量法

一、方法分析

分离矿物定量法是利用矿石中待测矿物与其他矿物性质的差异，将待测矿物从矿石中分离出来，从而进行定量分析的一种方法。该方法适用于某些易于分选且嵌布粒度较大的矿物定量。

该方法大致分为试样准备、矿物分离和计算结果三个步骤。

（1）试样准备。从选矿大样中按四分法或网格法均匀采取一定量的矿样，一般采取 1kg 左右的矿样。根据矿石特征、矿物嵌布特征、拟定分离方法要求，将样品破碎至一定粒度，破碎后筛分，并分级称重。

（2）矿物分离。运用某种机械、仪器或工具，辅以适当方法，将样品中某种或某几种矿物分别选取，使之成为单矿物。分离时要将原样已筛分的各级产品混均匀，然后分别从各级矿样中称取一定的矿样予以分离。一般分离的矿样量为 100g，少者可为几克。

（3）结果整理计算。通过对分离过程的原料及各种产品进行计量，计算出待测矿物在样品中的含量。

基本程序如下：

①将试样送交化验室进行化学全分析，了解矿石中存在的元素种类及其含量。由此即可初步掌握矿石中可能有利用价值的元素种类。

②鉴别试样中的组成矿物类别，并测定各组成矿物的相对含量。

③分离提纯单矿物。

④查明目的元素在各单矿物中的百分含量。

⑤计算有益（有害）元素在试样各组成矿物中的配分比。

二、常用分离矿物定量方法

常用分离矿物定量方法包括重力分离法、重液分离法、电磁重液分离、介电分离、磁力分离、高压静电分离和选择性溶解法。

（一）重力分离法

重力分离法是根据不同矿物的密度差异进行矿物分离的方法。在水或其他介质中，在外力作用下促使矿样产生不同的运动效果，由于不同密度的矿物构成不同层次或条带，故可达到矿物分离的目的。不同密度矿物重力分离的难易程度采用以下公式确定：

$$E = \frac{\rho_2 - \rho}{\rho_1 - \rho} \tag{5-1}$$

式中： ρ_1 ——轻矿物密度，g/cm³；

ρ_2 ——重矿物密度，g/cm³；

ρ ——分离介质密度，g/cm³。

（1） $E>5$：极易分离的矿石；除极细的矿泥（小于 $5 \sim 10 \mu m$）以外，对各种粒度的物料均可使用。

（2） $5>E>2.5$：易处理矿石，有效分离粒度下限为 $38 \mu m$ 左右。

（3） $2.5>E>1.75$：较易处理矿石，有效分离粒度下限为 $75 \mu m$。

（4） $1.75>E>1.5$：较难处理矿石，有效分离粒度下限为 0.5mm。

（5） $1.5>E>1.25$：难处理矿石，有效分离粒度下限为几毫米；分离效率较低。

（6）$E<1.25$：极难处理矿石，不适用重力分离。

重力分离设备有以下几种：

（1）振摆溜槽。由分选槽、传动装置、坡角调节装置、给水系统等组成。设备启动后，振摆溜槽在前后方向不对称往复变速运动，加之左右方向的往复均匀运动，使槽面上的物料在振动、摆动和水流冲击的共同作用下，造成不同密度矿物的分层和分带。分层后调整坡角，使矿物按密度分带，重矿物向槽头运动，轻矿物则随水流由槽尾排出。振摆溜槽每次最大处理量为100g。最佳分选粒度为$0.074\sim0.15mm$。

（2）机动淘洗盘。由淘洗盘、传动装置、调坡、供水装置等组成。设备开启后，将矿样以固液比1∶9的浓度注入淘洗盘。淘洗盘呈水平状态做前后变速摆动和3r/min的转动，摆动角15°。矿样集中于吸盘中心部位并分层，密度大的矿物沉聚在盘底。在盘身转动、摆动和补给水的协调作用下，矿浆继续分层，并向出矿端移动，分带密度大的矿物集中于矿带尾部，轻矿物向出矿端滚动并集中于矿带头部。可选粒度为$0.02\sim0.15mm$。对密度大于1的矿物选别效果较好。

（二）重液分离法

重液分离法利用浮沉原理，采用密度较大液体作为分离介质，使密度大于分离介质的矿物颗粒下沉，密度小于分离介质的矿物颗粒上浮，达到矿物分离的目的。多用于分离少量的非电磁性矿物。样品粒度以不小于0.1mm为宜。颗粒太小，重液表面张力影响太大，不利于矿物分离。矿物投入重液中，密度大于重液者下沉至容器底部，密度小的上浮至液体表面；与重液密度接近的矿物，则在液体中呈悬浮状态。分离应尽量选用化学性质稳定、不与矿物发生反应、透明度强、黏度低的液体。重液种类分为有机重液、无机盐溶液、熔盐。常用的有三溴甲烷（$CHBr_3$，密度为2.89）、四溴乙烷（$C_2H_2Br_4$，密度为2.953）、杜列重液（HgI_2+KI，密度为3.2）、二碘甲烷（CH_4I_2，密度为3.308）、克列里奇液[$CH_2(COO)_2TI_2+HCOOTI$，密度为4.25]。为了获得具有不同密度的重液，可以采用难溶于水但易溶于挥发性的有机溶剂（如酒精、苯、甲苯等）进行稀释。重液分离的操作方法与试样的黏度、质量及重液类型有关。

采用双开关分液漏斗进行测定，操作步骤为：

（1）将分液漏斗竖直固定在支架上，打开分液漏斗的上开关，下开关闭紧；把配置好的重液倒入漏斗中，然后将矿样缓慢倒入漏斗中；用玻璃棒搅拌均匀，静置几分钟，使轻矿物上浮，重矿物下沉。

（2）关闭上开关，打开下开关，将重矿物和轻矿物分别排放到带有滤纸的过滤漏斗中。

（3）将过滤漏斗中收集的重矿物和轻矿物分别进行洗涤、过滤、烘干、称重。

分离矿样要在通风橱中进行。操作要迅速准确。

（三）电磁重液分离

电磁重液分离是以顺磁性液体为介质，在非均匀磁场中按矿物的密度和磁化率的差别分离非磁性与部分弱磁性矿物。用于电磁重液分离的仪器是电磁液体分离仪。它由电磁铁、分离槽、矿样振动装置与直流稳流器4部分组成。

电磁铁在磁极间隙形成不均匀磁场，分离槽置于不均匀磁场中。分离时顺磁性液体呈静止状态，矿物颗粒同时受到向下的重力和向上的磁力作用，当两力相等时，该颗粒即在分离槽的某一高度上悬浮于液体中。高度不同，磁场梯度和磁场强度不同，矿物受到的向上磁力不同。不同密度和比磁化系数的矿物，在顺磁性液体中具有不同的悬浮高度，从而可达到矿物分选的目的。

分离槽中的顺磁性液体应磁化系数大、无色透明、黏度小、无毒。分离的矿物粒度范围在 0.038～0.5mm。

（四）磁力分离

磁力分离是利用矿石不同，矿物间磁性的差异进行矿物分离，适用于强磁性矿物和弱磁性矿物。强磁性矿物有磁铁矿、磁赤铁矿、钛磁铁矿、磁黄铁矿等，弱磁性矿物有赤铁矿、镜铁矿、菱铁矿、软锰矿、钛铁矿、铬铁矿、黑钨矿等。按磁场强度的大小可分为弱磁性分离和强磁性分离两种方法，按分离介质条件可又分为干法和湿法。

1. 弱磁选分离

用于矿物弱磁性分离时，采用永久磁块和磁选管。

（1）永久磁块分离法。常用的永久磁块磁场强度为（2200～2500）×79.5775A/m，主要用于分离磁铁矿、磁黄铁矿、钛磁铁矿。磁铁的形状有马蹄形、条形、圆筒形等。

操作方法有干法和湿法。干法操作适用于粒度较粗的矿石（大于0.2mm）的分离。操作方法为：用塑料薄膜或绸布将磁块包裹，然后在摊平样品表面来回移动，将磁性颗粒吸附于磁块上；磁块吸满后，将磁块移到收样盘，将包裹的塑料或绸布取下，将磁块吸附的颗粒抖落到收样盘中。如此反复操作，即可将磁性颗粒分离。

湿法操作适用于粒度较细的原料（小于0.1mm）的分离。操作方法为：将待测样品置于200mL的烧杯中，加水调制10%左右的矿浆浓度，摇匀。然后将磁块紧贴烧杯底部，磁性颗粒受磁块吸引沉聚于底部，非磁性颗粒悬浮于水中；将上部悬浮液缓慢倒出或用虹吸法吸出，使磁性颗粒仍留在烧杯中。如此反复操作，即可将磁性颗粒从原料中分离出来。

（2）磁选管分离法。该法适用于细粒、强磁性矿物分离。在C形铁心上绕线圈，通以直流电，产生（1600～2400）×79.5775A/m的磁场强度。玻璃管用支架支撑于磁极中间，与水平方向呈45°，通过适当的传动转动装置，用电动机带动支架上的圆环（套在玻璃管外）使玻璃管做往复地上下移动和转动。进行分离时，将样品装入小烧杯中。将水引入玻璃管内，使玻璃管内水的流量保持稳定，水面高于磁极30mm左右。接通电流，设定电流值，开始给矿。磁性颗粒在磁力作用下，被吸引在磁极间的管内壁上；非磁性矿物则随冲洗水从玻璃管下端排出。矿样给完后，继续保持玻璃管开动一段时间，使磁性颗粒受到更好的冲洗。在非磁性矿物颗粒冲洗干净后（管内水变清为止），停止供水，放出管内水。切断直流电源，将管内的磁性矿物冲洗出来，完成分离过程。将产品分别过滤、烘干、称重，即可计算磁性矿物的含量。

2. 强磁选分离

强磁选分离用于对弱磁性矿物的分离定量。干法分离使用自动磁力分析仪完成。磁场强度在（1000～20000）×79.5775A/m范围内可调节。粒度在 0.074 ~ 1.0mm。湿法分离采用小型湿式强磁分选仪，其磁场强度调节范围在（1500 ~ 23000）×79.5775A/m，适用于分离粒径在 0.074mm 至 0.1mm 以下的原料。在进行强磁分离前，需要将原料中的强磁性矿物预先分离出来，以免干扰强磁分离的效果。

（五）介电分离法

介电分离法是利用矿物介电常数的差异进行分离矿物的方法。它是在一定介电常数的介电液中进行的。介电分离仪的电磁振荡电极插入介电液中，在电极周围形成一个交变的非均匀电场，电场强度自电极向外逐渐减弱。将适量的样品放入介电液中，启动介电分离仪，则介电常数大于介电液的矿物颗粒被吸附于电极，介电常数小于介电液的矿物颗粒被电极排斥，从而使介电常数不同的矿物彼此分离。对密度、磁性相近但介电常数差别大的矿物有效。

介电分离仪器使用中频介电分离仪，当两种矿物的介电常数相差 1.5 ~ 2.0 时可有效分离。可根据分离的矿物不同，选择不同介电液。主要有四氯化碳（介电常数为 2.24）和甲醇（介电常数为 32.5）的混合液、煤油（介电常数为 2.0）和乙醇（介电常数为 24.5）、硝基苯（介电常数为 36.0）等介电液。后者选择其中两种配制适当的介电液。

矿物介电常数的大小是判定矿物导电性质的主要依据。通常将介电常数大于 12 的矿物称为导体矿物，介电常数小于 12 的矿物称为非导体矿物。介电常数的大小与测定的电源频率有关。物料在低频时测定出的介电常数大，在高频时测定出的介电常数小，与测量的电场强度的大小无关。现在资料介绍的各种矿物的介电常数，都是在 50Hz 或 60Hz 的交流电源条件下测出的。

（六）高压静电分离法

高压静电分离法是利用矿物电性的差异进行矿物分离的方法。高压静电分离通常使用鼓式高压电选机进行，主要由高压直流电源和主机两大部分组成。将常用的单相交流电升压后，半波或全波整流形成高压直流电源，供给主机。电压一般为 20 ~ 40kV。主机包括转鼓、电极、毛刷、给矿斗、接矿斗以及分矿板等几部分。

电晕电极的作用是在高压直流电下释放负电荷，产生电晕电场。偏转电极的作用是使电晕电极释放的负电荷在静电场的作用下向转鼓表面的矿粒上辐射。处于电晕电场中的矿物颗粒，无论导体还是非导体均能获得负电荷。吸附于导体颗粒表面的电荷能在颗粒表面自由移动，而吸附于非导体颗粒表面的电荷不能自由移动。若将转鼓接地成为接地极（正极），则导体颗粒表面所吸附的电荷在极短时间内（1/1000~1/40s）即可经过接地极传走，表面不再留有电荷。非导体则不然，由于其导电性很差或不导电，表面吸附的电荷不能传走或要比导体至少长 100~1000 倍的时间才能传走一部分，表面会留有大量负电荷。在电晕电场中，非导体由于表面留有电荷，与转鼓（接地正极）相吸引。采用毛刷将其从转鼓上刷下，导体颗粒在重力和转鼓离心力的作用下，脱离转鼓表面，与非导体颗粒分离。

电选法处理的原料必须充分干燥。潮湿对物料的导电性影响较大。原料粒度一般在 0.04~0.5mm，且预先筛选为窄粒级，粒度过细和粒级太宽均不利于分离。同时，在转鼓内设有加热装置，保持转鼓表面温度在 60~80℃。

（七）选择性溶解法

利用矿物化学性质的差别，将矿物放在酸、碱或其他试剂中，使其中某些矿物被溶解掉，剩下需要获得的目的矿物（或者相反，将目的矿物溶解掉，而将其他矿物留下），从而达到分离矿物目的。例如，硫化物矿石中的石英，如已暴露出来，可用 HF 处理；如果被硫化物包围，可用 HNO_3 把硫化物溶解掉，然后测定残留石英的量。用 $FeCl_3$ 与 NaCl 处理方铅矿也很有效。针对不同矿物选择性溶解，有多种不同的溶剂可供选择。

选择性溶解法因处理的原料不同，具体处理方法和过程差别很大。分离程序的几个步骤如下：

（1）用精密天平（千分之一或万分之一）称得混合样品质量；

（2）将混合样品倒入坩埚中；

（3）将 2 倍于样品体积的酸或碱倒入坩埚中；

（4）将坩埚置于温火上加热并用棒不断搅动；

(5) 溶解作用完毕后，用冷水清洗数次，烘干，并称取残留物质量。

注意：溶剂的选择一定要严格遵守只溶解样品中一种矿物而对其他矿物基本不溶的原则。过滤要彻底，称重要准确，整理计算 (矿样中各矿物相对含量及损耗) 结果准确无误。

第三节　显微镜下矿物定量的测定方法

显微镜矿物定量法是在显微镜下对矿石中的矿物种类与含量、矿物粒度、嵌镶关系以及矿石在破碎过程中的连生、解离度的定量分析方法。限于显微镜放大倍数和分辨率，对微粒微量矿物的鉴定和定量有些难度。

一、显微镜定量法原理

显微镜下矿物定量是在光片或薄片上进行的。测试方法有点测法、线测法、面测法。在光片或薄片上的矿物颗粒只显示出二维尺寸的大小，而不能直接观测到立体三维尺寸，因此须将显微镜下测定的二维数据转变为三维数据。

A. Delesse 在假设矿物在岩石中呈无规律分布的条件下，证明了在岩石切片上矿物的面积百分比等于矿物的体积含量百分比。A.Rosiwal 证明了在不规则分布的情况下，岩石切片上某矿物的线段截距的百分含量等于体积百分含量。对于那些矿物呈定向排列或规律分布的岩石，如片岩、片麻岩、沉积岩等，为了测定其中某种矿物的体积百分比含量，需要在垂直岩石破碎延伸方向的切片上进行测定。Thompson 和 Glagolav 分别证明了采用点测法测定的点数百分含量等于体积百分含量。因此，用点测法、线测法、面测法获得的点百分含量 (P_p)、线段百分含量 (P_L)、面积百分含量 (P_A) 与体积百分含量 (P_v) 之间存在以下关系：

$$P_p = 1P_L = 1P_A = 1P_v \tag{5-2}$$

E. R. Weibel 用数学分析的方法证明了这一原理。

用点测法、线测法、面测法测定出矿物的体积含量后，即可按式 (5-3) 计算矿物的质量分数 (ω)：

$$\omega = P_p(\rho_1 / \rho) = P_L(\rho_1 / \rho) = P_A(\rho_1 / \rho) = P_V(\rho_1 / \rho) \qquad (5\text{-}3)$$

式中：ρ_1 —— 待测矿物的密度，g/cm³；

ρ —— 原料（矿石）的密度，g/cm³。

二、显微镜下目估定量

显微镜下目估是一种粗略的定量方法。该方法使用立体显微镜对粉状样品直接测定，可利用反光显微镜对光片和薄片进行鉴定。通过不同视域的观察和测量统计工作，借助参考图，可大致确定待测矿物的含量。尽管测量精度差，但速度快，可作参考。

通常要设计一套标准图作为比较标准，用于和显微镜下观察到的视域中待测矿物的分布情况进行比较。标准图的做法是：首先在白纸上画 12 个直径为 20cm 的圆；然后在彩色纸上分别以 1cm、3cm、5cm、10cm、15cm、…、90cm 的平方根为半径画 12 个小圆，并将这些小圆分别剪碎成不规则等粒小碎片；最后分别将这 12 份小碎片均匀地粘贴在硬白纸上的 12 个大圆中。这样做成的 12 个圆即表示矿物百分含量分别为 1%、3%、5%、10%、…、90%。

三、面积法

面积法定量测定矿物是根据光片或薄片中各矿物所占的面积百分含量，等于矿物在原料中所占体积百分含量的基本原理来测定矿物的含量。通常采用带方格网的目镜进行测量，此时在显微镜下观察到的矿物颗粒上就叠置一个方格网，以该方格网为尺度来测量不同矿物所占的面积大小。目镜测微网格面积为 1cm²，有 100 格，每小格面积为 0.01m²。以这个网格测量矿物的面积越大，其在光片的体积也越大。

测量时，通常是按照一定的间距左右移动载物台，将整个矿片表面全部测完，按视域分类统计不同矿物的面积（所占网格数），并将测量结果记录在记录表中，最后将各视域测量结果进行累计，计算出待测矿物在该矿片中的体积含量。如果矿片中 3 种待测矿物 No1、No2、No3 所占网格数的累计值分别为 N_1、N_2、N_3，则它们在矿石中的质量分数可按下式计算：

$$\omega_i = N_1\rho_1 / (N_1\rho_1 + N_2\rho_2 + N_3\rho_3) \qquad (5\text{-}4)$$

式中：ω_i——第 i 种矿物在原料中的质量分数，%；

N_i——第 i 种矿物在切片中所占网格数；

ρ_i——第 i 种矿物的密度，g/cm³。

当矿石的矿物组成较为简单时，可分别统计不同矿物的网格数，并按式（5-4）一次计算出若干种矿物的质量分数。测量时，可将网格叠置的视域选光片的某一基角，然后按照相互平行的路线逐个观测每个视域不同矿物所占的小方格数，将数值填入表中。一个视域测完后，移动光片进入下一个紧邻的视域。移动时既不能有脱节，也不能有过多重叠。所有平行线上的视域测定完毕，即可得到该光片中所观测矿物分别所占的总格子数，最后统计计算，可得到各矿物的相对含量比。

四、线测法

线测法的原理是矿片表面不同矿物沿一定方向直线上线段截距的长度百分含量与其在原料中的质量分数相等。

线测法是通过目镜上的直线测微尺来测量不同矿物所占线段截距长度的大小。测量时采用带直线测微尺的目镜，测微尺长度一般为 1cm，等分为100 个小格，一个小格长 0.1mm。将待测矿片（光片或薄片）置于载物台上并夹紧，调好焦距后，在矿片表面的矿物颗粒上就会叠置上一个直线测微尺。测量时，移动物台将要查测的第一个视域移至光片某一基角，开始查数各个矿物在目镜尺上截取的格子数。一条直线上一个视域接着一个视域查数。测完一条线后，移动物台光片一个距离（该距离取估计颗粒平均粒径值，在 1～2mm）继续测定第二条直线上各个矿物的截线距，直到光片全部测完。一次测量不少于 10～20 个视域。按一定方向和间距，通过机械台左右移动矿片，以测微尺为单位统计测微尺在不同矿物表面的线段截距长度；某矿物表面所占的线段长度越长，说明该矿物的含量越高。

线测法数据统计和计算方法与面测法相同，只是将网格数更换成线段长度即可。线测法更适合于细粒矿物原料的测定。对于细粒嵌布的矿石，若采用面测法，会因颗粒细小、占不满一格而难以统计，且会造成测量精度的降低，而线测法则可避免。若矿石中矿物种类不多，在测定矿物体积含量后，可根据各矿物的相对密度计算各矿物的质量分数。

五、点测法

点测法的原理是矿片上各种矿物表面所占点数之比与各矿物在原料中的体积之比相等。测量时利用带测微网的目镜，以测微网格的交点在矿片上矿物表面分布的多少来测量矿物的含量。

测量时，首先在目镜筒中装入测微网，将视域中不同矿物表面分布的交点数分别统计下来。矿片上出露面积大的矿物占有的交点数就多。点测法适用于矿物嵌布粒度均匀的矿物原料。对于粗细不均匀嵌布的原料，会漏测细小颗粒，造成测量不准确。矿石中的其他矿物质量分数也可按类似方法计算。

第四节　化学分析矿物定量法

一、化学分析定量法的基本原理

化学分析定量法是利用矿石（或矿物原料）的化学成分与组成矿物化学成分的相关性，通过一定的数学运算来进行矿物定量的。该方法不受矿物粒度大小影响，计算结果取决于矿石和组成矿物的化学成分。化学分析矿物定量需要大量分析数据，工作量大，定量精度高，分析成本也高。

为了测定矿石中所用的矿物的含量，需要的基本数据包括矿石的化学分析结果、矿石的所有组成矿物种类、各组成矿物的化学成分分析结果。根据以上分析数据，可通过列联立方程等数学方法，求出各组成矿物的含量。矿石化学分析提供了某元素在矿石中的总含量，某元素在矿石中的含量由该元素在各矿物中的含量和各种矿物在矿石中的含量确定。因而，利用化学分析法进行矿物定量实际上是对化学分析过程的逆运算。

矿石中的矿物种类可采用显微镜、X射线等方法确定。各矿物某种元素可通过单矿物化学分析、电子探针微区成分分析获得。将已知数据代入方程组中，即可求出矿石中各矿物的含量。

在化学分析矿物定量实际计算过程中，需要注意以下几点：

（1）矿物的元素含量值应采用该矿物在物料中矿物化学成分的实际真实值，不能简单使用晶体化学结构式的理论值。矿物中类质同象和胶体吸附使矿物的实际元素含量与理论值有着或大或小的偏差。偏差的出现导致矿物定量有较大误差。闪锌矿（ZnS）在理论状态下，锌（Zn）的含量应为67.10%。然而，在自然界中，闪锌矿常含有不等量的铁（Fe）、镉（Cd）、铟（In）等元素，这些杂质元素的存在使得锌的含量通常低于其理论值。如吉林某铅锌矿中闪锌矿 Zn 含量为61.37%，矿石多元素分析 Zn 为59.11%。如果用闪锌矿理论值计算，闪锌矿量为88.70%；实际情况是，矿石的闪锌矿含量为96.32%，两者误差较大。

（2）要选取含量稳定、测试简单可靠的元素分析值作为方程组系数。这些元素多属于主元素，类质同象和胶体吸附的微量元素不宜选择为方程组的系数。

（3）由 n 种矿物组成的矿石，方程组特征元素个数也有 n 个。

（4）当利用联立线性方程组不能对矿物进行定量计算时，可利用元素的物相分析对矿物进行方柱定量。若矿石中某一元素仅赋存在一种矿物中，则可将该元素作为该种矿物的特征元素；分析该元素在矿石中和矿物中的含量，直接计算出该种矿物含量。

化学分析定量法根据矿物性质不同，其分析和计算方法有一定差异。

二、硫化物矿物计算

硫化物矿物的主元素组成简单、含量稳定，与矿物相关性强。在矿物原料中，硫化物定量计算较为简单。例如，某硫化物矿石的化学分析结果为：Cu: 0.997%; Zn: 39.164%; Fe: 23.652%; S: 33.508%。主要硫化物矿物有闪锌矿、黄铜矿、黄铁矿、磁黄铁矿。求矿石中硫化物矿物的含量。

（1）单矿物的元素含量。闪锌矿：$w(Zn)=56.7\%$，$w(Fe)=10.0\%$，$w(S)=33.3\%$。黄铜矿：$w(Cu)=34.6\%$，$w(Fe)=30.4\%$，$w(S)=34.9\%$。黄铁矿：$w(Fe)=46.5\%$，$w(S)=53.5\%$。磁黄铁矿：$w=(Fe)63.5\%$，$w(S)=36.5\%$。

（2）列线性方程组。

三、碳酸盐、含 H_2O 和 OH^- 矿物的计算

矿物成分特点是含有在加热时能挥发的 CO_2、H_2O 和能转变成 H_2O 的 OH^-。某些碳酸盐矿物（如方解石、白云石、菱镁矿）有相近的矿物学性质，

在显微镜下不易区分。在氧化矿石中，也可以有含 H_2O 和 OH^- 的有用矿物。差热分析时，在这些含有挥发分组分的矿物中，每种矿物在其分解温度点能产生吸热反应并放出气体，表明采用示差热天平可对这类矿物进行定量分析。在矿石中用示差热天平测定出 800℃分解产生 $w(CO_2)=18.5\%$，960℃分解产生 $w(CO_2)=21.90\%$。现已知白云石中的 $MgCO_3$ 的分解温度为 800℃，900℃是白云石中 $CaCO_3$ 或独立 $CaCO_3$（方解石）的分解温度，则样品中独立 $CaCO_3$（方解石）的 $w(CO_2)=18.5\%\sim21.9\%$。

对于矿石中某些含水矿物的测定，可采用示差热分析方法，分别测定矿石在不同温度下分解产生的结构水量，计算出不同矿物含量。如含有绿泥石、滑石、蛇纹石等的矿石，在不同温度下测定结果为：650℃时含水量为1.5%，760℃时含水量为 3.1%，960℃时含水量为 0.8%。据此计算三种矿物含量为绿泥石 11.54%、蛇纹石 23.775%、滑石 16.8%。

褐铁矿（$Fe_2O_3 \cdot nH_2O$）在 125~150℃时分解出胶体水，矾类矿物 [如胆矾（$CuSO_4$）· $5H_2O$] 和含 OH^- 的碳酸盐矿物 [如孔雀石、蓝铜矿、水锌矿 $Zn_5(CO_3)_2(OH)_6$] 等，都可以采用示差热分析方法测定分解温度和逸出水量。

第五节　仪器定量分析

一、激光显微光谱矿物定量

激光显微光谱分析仪由显微镜、激光器、电源和摄谱仪四部分组成。它是以激光做能源在显微镜下使样品气化的一种光谱分析方法。依据通过显微镜观察到的矿物光性和物性特征，加上激光激发矿物所测定的成分，就能准确无误地鉴定各种矿物。对稀有元素矿物的鉴定尤为有效。对于大多数稀有元素矿物，可根据矿物元素的谱线特征区分。

定量测定的矿石样品，需要预先经过破碎、系统筛分和分离。样品破碎粒级、破碎方法和系统筛分级数要根据待定矿物粒度变化与工作目的确定。破碎后应使研究的矿物在矿石中最大限度地解离，并尽量使单体矿物的晶体不受破坏。筛分级数一般为：0.019~0.037mm，0.037~0.074mm，0.074~0.104mm，0.104~0.147mm，0.147~0.208mm 和大于 0.208mm 数级。

激光测定取样量较少，几毫克到几百微克即可。要求所取样品确保有一定代表性。缩分的样品采用四分法，经过几次缩分后再做激光测定。

激光显微光谱定量测定采用数粒法和测粒度法。

（1）数粒法。数粒法就是统计定量样品中各种矿物的颗粒百分数，依次代表它们各自的体积分数。在映谱仪下观察各个矿物的光谱带特征，确定每颗矿物名称和样品中矿物种类。将同一种矿物颗粒数累计相加，得出各种矿物的颗粒数，以进行测定的全部矿物颗粒总数去除，即得出样品里各种矿物的颗粒百分数。数粒法简便、快速，在矿物粒级划分比较细的情况下，用它来测定矿物量能够获得较高的准确度。

（2）测粒度法。测粒度法是在逐个对每颗矿物用激光激发摄谱时，测出每颗矿物的粒度大小，精确到 0.001mm，逐个计算每颗矿物的体积。如果矿物是正方形或球体，则只测矿物的一个边长或直径；如果矿物是柱状，需测出矿物的长和宽；如果矿物是板状，需测出矿物的长、宽和厚度，由此计算出每颗矿物的体积。将同一种矿物的所有颗粒的体积累积相加，得出重砂样品中该矿物的体积。分别计算出样品里各种矿物的体积后，用所有矿物体积总和去除各种矿物的体积，就得到相应各类矿物的体积分数。

二、自动图像分析仪矿物定量

自动图像分析仪由探测成像系统、数据处理系统、显示系统等组成。测试时，将磨制成光薄片的样品置于样品台上，通过成像系统的显微镜，将待测物像放大 3.2 ~ 100 倍（显微镜的分辨率为 1 μm）。扫描器的光导摄像管安装在显微镜的目镜上，用它对显微镜视域进行系统扫描。扫描时根据各矿物物像亮度不同，将物像转换成不同电平的脉冲信号。每类电频脉冲的宽度取决于每个矿物颗粒面积中的图像点数。面积愈大，点数愈多，该电频脉冲宽度愈宽（一个光导摄像管面上约有 6×10^4 个图点）。将光导摄像管（也称为扫描器）捕捉到的电信号同时并分别传送给荧光屏和探头。进入荧光屏的扫描视频信号经过放大 30 倍后转换成样品物像呈现于荧光屏上。探头利用自身一个可调节的电阻（阈值）来圈定图像中待测矿物的边界。方法是选取一个电压（阈值），用它与扫描视频信号进行比较，其交点就是该待测矿物的边界。进行矿物定量测定时，对阈值的控制分别依次检测矿石光片上各种矿物，直到全部测试完毕。数据处理系统根据预先编制的程序，对探头传送过来的矩形脉冲进行积分，就可得到待测矿物的面积值。

自动图像分析仪对于矿石矿物组成简单（如对条带磁铁矿石）、黑白分明、反差大的矿物测定效果较好。

三、全自动矿物解离分析仪

全自动矿物解离分析仪（mineral libeiration analyser, MLA）是工艺矿物学参数自动定量分析测试系统，由扫描电镜、EDAX 能谱以及工艺矿物参数自动分析软件等组成。利用背散射电子图像区分不同物相，可以快速分析、全面准确鉴定矿物。其充分利用现代图像分析技术获取工艺矿物学参数，能够获得矿物嵌布粒度分布、目标矿物解离度（基于目标矿物质量百分数）、目标矿物与其他矿物连生及程度分布、产品磨矿粒度分布以及欲回收目标矿物计算的精矿品位与回收率关系曲线等，集扫描电镜和能谱分析仪于一体，快速测定矿物解离度是该系统的主要分析功能之一。

在测试过程中，利用扫描电镜和能谱分析仪可以将连生的矿物相分离：扫描电镜电子束照射到不同的矿物相时，不同矿物的背散射电子图像有清晰的明暗变化，利用这种差异即可将连生的矿物相分离；如果某些矿物相平均原子序数相近甚至相同时，则用能谱仪对连生的矿物相进行密集打点，采集成分信息，利用成分的不同分离连生的矿物相。将矿物相分离后，利用能谱仪采集矿物相的能谱图，与数据库中的谱图比对，从而确定矿物相的种类。利用背散射电子图像区分不同物相，用能谱仪快速鉴定矿物并采集相关信息，使解离度的测定实现了自动化，其测定结果的准确性和可重复性得到很大的提高。MLA 的扫描电镜功能可对不同粒度下矿物的解离情况进行对照，直观清晰地显示矿物的解离度、粒度和形态。

四、差热分析和热重分析

差热分析（differential thermal analysis, DTA）是一种重要的热分析方法，是在程序控温下，测量物质和参比物的温度差与温度或者时间关系的一种测试技术。该法广泛应用于测定物质在热反应时的特征温度及吸收或放出的热量，包括物质相变、分解、化合、凝固、脱水、蒸发等物理或化学反应。差热分析是根据不同温度下出现不同热反应的原理对矿物进行鉴定。矿物在加热过程中会出现两种热反应：一种是放热反应。在加热矿物样品时发生重结晶形成新矿物，发生氧化还原反应。另一种是吸热反应。在加热矿物样品时发生脱水、分解、多晶转变及晶体结构破坏等化学反应。在测试过程中，将会发生热反应的待测矿物与不会发生热反应的某种一致标样（标准矿物或中性体）一同放在加热炉中加热升温或降温。当加热或冷却到某个温度点时，待测样品由于发生热反应使它与标样之间温度不一致。

如果待测样品中发生吸热反应，则待测样品在热反应时因吸收一定热量，使得它的升温速度比标样相对缓慢，待测试样的温度比标准试样的温度低；如果待测试样发生放热反应，则待测试样的升温速度相对于标样要快，待测试样的温度比标样的温度要高。由于试样与标样之间在某温度点下存在着固有的温度差，可将它们的温度差绘成差热曲线。在矿物鉴定时，将试样的差热曲线与查阅的有关手册中的已知矿物差热曲线进行对比，如果相互之间能吻合，即可确定待测样品的矿物名称。样品要求：要有一定的细度，为 -0.075mm。样品过筛后，在低于 100℃ 下干燥。样品尽可能提纯，对于小于 5% 含量的矿物不能鉴定。分析对象是含水矿物、易分解，如碳酸盐、黏土矿物等。

热重分析法（thermal gravimetry，TG）是通过测定矿物在加热过程中重量变化鉴定矿物的方法。许多矿物，如黏土矿物、碳酸盐矿物等，在加热过程中会脱水，放出二氧化碳等气体，或有机物燃烧，而使试样的重量减少。有些矿物在受到氧化时，使试样的重量增加。热重分析法就是根据这些特点达到鉴别矿物的目的。

热重分析使用热天平、扭力天平和石英弹簧法。使用最多的是热天平法。在矿物鉴定时，可将热重分析与差热分析配合使用，将热重曲线与差热曲线结合在一起进行综合分析。热重曲线是以重量变化为纵坐标，以温度或时间变化为横坐标，作图得到重量—温度变化曲线。矿物中的吸附水脱水温度低于 110℃，结晶水在 200~500℃ 逸出，结构水在 500~900℃ 逸出。

第六章 贵金属元素分析

第一节 贵金属分析方法的选择

一、贵金属在地壳中的分布、赋存状态及其矿石的分类

贵金属元素是指金、银和铂族（铑、钌、钯、锇、铱、铂）共 8 种元素，在元素周期表中位于第五、六周期的第Ⅷ族和第 IB 副族中。由于镧系收缩使得第二过渡元素（钌、铑、钯、银）与第三过渡元素（锇、铱、铂、金）的化学性质相差很小，因此贵金属元素的化学性质十分相近。

金在自然界大都以自然金形式存在，也能和银、铜与铂族元素形成天然合金。根据最新研究成果，金的地壳丰度值仅为 1ng/g。金矿床中伴生的有用矿产很多。在脉金矿或其他原生金矿床中，常伴生有银、铜、铅、锌、锑、铋和钯等；在砂金矿床中，常伴生有金红石、钛铁矿、白钨矿、独居石和刚玉等矿物。此外，在有色金属矿床中，也常常伴生金。金的边界品位一般为 1g/t。一般自然金里的金含量大于 80%，还有少量的铜、铋、银、铂、锑等元素。

银在地壳中的平均含量为 1×10^{-7}，在自然界多以硫化物形式存在，单独存在的辉银矿（Ag_2S）很少遇见，而且主要伴生在铜矿、铅锌矿、铜铅锌矿等多金属硫化物矿床和金矿床中。在开采和提炼铜、铅、锌、镍和金主要组分时，可顺便回收银。一般含银品位达到 5～10g/t 即有工业价值。

铂族元素在自然界分布量很低，铂在地壳中的平均丰度仅为 5×10^{-9}，钯为 5×10^{-8}。它们和铁、钴、镍在周期表上同属第Ⅷ族，因此也与铁、钴、镍一样，具有亲硫性。铂族元素常与铁元素共生，它们主要富集在与超基性岩和基性岩有关的铜镍矿床、铬铁矿床和砂矿床内。铜镍矿床中所含铂族元素以铂、钯为主，其次是铑、钌、锇、铱。铬铁矿中所含铂族元素以锇、钌、铱为主。铂族元素之间，以及它们与铁、钴、镍、铜、金、银、汞、锡、

铅等元素之间能构成金属互化物。在自然界存在自然铂和自然钯。自然铂含铂量为84%~98%，其余为铁，及少量钯、铱、镍、铜等。自然钯含钯量为86.2%~100%，同时含有少量铂、铱、铑等。自然钌很少见，我国广东省发现的自然钌中含有91.1%~100%的钌。铂族元素还可以与非金属性较强的第Ⅵ主族元素氧、硫、硒、碲及第Ⅴ主族元素砷、锑、铋等组成不同类型的化合物。目前已知的铂族元素矿物有120多种。在一些普通金属矿物（如黄铜矿、磁黄铁矿、镍黄铁矿、黄铁矿、铬铁矿等）以及普通非金属矿物（如橄榄石、蛇纹石、透辉石等）中也可能含有微量铂族元素。

铂族元素的共同特性是具有优良的抗腐蚀性、稳定的热电性、高的抗电火花蚀耗性、高温抗氧化性能以及良好催化作用，故在工业上应用很广泛，特别是在国防、化工、石油精炼、电子工业上是不可缺少的重要原料。

二、贵金属的分析化学性质

（一）化学性质

1. 金

金具有很高的化学稳定性，即使在高温条件下也不与氧发生化学作用，这大概就是在自然界中能够以自然金甚至是以微小金颗粒存在的重要原因。金与单一的盐酸、硫酸、硝酸和强碱均不发生化学反应。金能够溶解在盐酸和硝酸的混合酸中，其中在王水中的溶解速率是最快的。用于分析化学中的金标准溶液通常就是以王水溶解纯金来制备，但需要用盐酸反复蒸发除去多余的硝酸或氮氧化合物。在有氧化剂存在的盐酸中，如 H_2O_2、$KMnO_4$、$KClO_3$、$KBrO_3$、KNO_3 和溴水等，金也能够很好被溶解，这主要是由于盐酸与氧化剂相互作用产生新生态的氯气同金发生反应所致。

2. 银

银有较高的化学稳定性，常温下不与氧发生化学作用，在自然界同样能够以元素形态存在。当与其他元素发生化学反应时，通常形成正一价的银化合物。在某些条件下也可生成正二价化合物，例如 AgO 和 AgF_2，但这些化合物不稳定。

金属银易溶于硝酸生成硝酸银，也易溶于热的浓硫酸生成硫酸银，而不溶于冷的稀硫酸中。银在盐酸和王水中并不会很快溶解，原因在于初始反应生成的 Ag^+ 以 AgCl 沉淀沉积在金属表面而形成一层灰黑色的保护膜，阻止了银的进一步溶解。但是如果在浓盐酸中加入少量的硝酸，银的溶解是比较快的。这是因为形成的 AgCl 又生成可溶性的 $[AgCl_2]^-$ 配离子。这一反应对含银的贵金属合金材料试样的溶解是很有用的。银与硫接触时，会生成黑色硫化银；与游离卤作用生成相应的卤化物。银饰品在空气中长久放置或佩戴后失去光泽常常与其表面上硫化物及其氯化物的形成有关。在有氧存在时，银溶解于碱金属氰化物而生成 $[Ag(CN)_2]^-$ 配离子。银在氧化剂参与下，如有 Fe^{3+} 时也能溶于酸性硫脲溶液而形成复盐。

3. 铂族金属

铂族金属在常温条件下是十分稳定的，不被空气腐蚀，也不易与单一酸、碱和很多活泼的非金属元素反应。但是在确定的条件下，它们可溶于酸，并同碱、氧和氯气相互作用。铂族金属的反应活性在很大程度上依赖于它们的分散性以及同其他元素，即合金化的元素形成中间金属化合物的能力。

就溶解能力而言，铂族金属粉末较海绵状的易于溶解，而块状金属的溶解是非常缓慢的。与无机酸的反应，除钯外，铂族金属既不溶于盐酸也不溶于硝酸。钯与硝酸反应生成 $Pd(NO_3)_2$。海绵锇粉与浓硝酸在加热条件下反应生成易挥发的 OsO_4。钯、海绵铑与浓硫酸反应，生成相应的 $PdSO_4$、$Rh_2(SO_4)_3$。锇与热的浓硫酸反应生成 OsO_4 或 OsO_2。铂、铱、钌不与硫酸反应。王水是溶解铂、钯的最好溶剂。但王水不能溶解铑、铱、锇和钌，只有当它们为高分散的粉末和加热条件下可部分溶解。在有氧化剂存在的盐酸溶液中（如 H_2O_2、Cl_2 等）于封管的压力条件下，所有的铂族金属都能被很好地溶解。

通常，碱溶液对铂族金属没有腐蚀作用，但当加入氧化剂时则有较强的相互作用。如 OsO_4 就能够在碱溶液中用氯酸盐氧化金属锇来获得。在氧化剂存在条件下，粉末状铂族金属与碱高温熔融，反应产物可溶于水（对于 Os 和 Ru）、盐酸、溴酸和盐酸与硝酸的混合物中，由此可将难溶的铂族金属转化为可溶性盐类。高温熔融时，常用的混合熔剂有：$NaOH + NaNO_3$（或 $NaClO_3$）、$K_2CO_3 + KNO_3$、$BaO_2 + Ba(NO_3)_2$、$NaOH + Na_2O_2$ 和 Na_2O_2 等。利用在硝酸盐存在条件下的 NaOH 或 KOH 的熔融、利用 Na_2O_2 的熔融以及利用 BaO_2 的高温烧结方法通常被认为是将铂族金属如铑、铱、锇、钌转化成可溶性化合物的方便途径。

在碱金属氯化物存在条件下，铂族金属的氯化作用同样是将其转化成可溶性化合物的最有效途径之一。

(二) 贵金属分析中常用的化合物和配合物

1. 贵金属的卤化物和卤配合物

贵金属的卤化物或卤配合物是贵金属分析中最重要的一类化合物，尤其是它们的氯化物或氯配合物。因为贵金属分析中大多数标准溶液的制备主要来自这些物种；铂族金属与游离氯反应，即氯化作用，被广泛用于分解这些金属；更重要的是在铂族金属的整个分析化学中几乎都是基于在卤配合物水溶液中所发生的反应，包括分离和测定它们的方法。铂族金属配合物种类繁多，能与其配位的除卤素外，还有含 O、S、N、P、C、As 等配位基团，常见的有 F^-、Cl^-、Br^-、I^-、H_2O、OH^-、CO_3^{2-}、SO_4^{2-}、NO_2^-、S^2、SCN^-、NH_3、NO、NO_2、PH_3、PF_3、PCl_3、PBr_3、$AsCl_3$、CO、CN^- 和多种含 S、N、P 的有机基团。贵金属的简单化合物在分析上的重要性远不如其配合物。对于金或银，虽然形成某些稳定配合物，但无论其种类或数量都无法与铂族金属相比拟。

2. 贵金属氧化物

金、银的氧化物在分析上并不重要。金的氧化物有 Au_2O_3、Au_2O，Au_2O 很不稳定，与水接触分解为 Au_2O_3 和 Au。用硝酸汞、乙酸盐、酒石酸盐等还原剂还原 $Au^{(III)}$ 可得到 Au_2O。$Au^{(III)}$ 与 NaOH 作用时，生成 $Au(OH)_3$ 沉淀。通常，$Au(OH)_3$ 以胶体形态存在，所形成的胶粒直径一般为 $80 \sim 200nm$。

向银溶液中小心加入氨溶液时，可形成白色的氢氧化银。当以碱作用时，则有棕色的氧化银析出。氧化银呈碱性，能微溶于碱并生成 $[Ag(OH)_2]^-$，在 300℃ 条件下分解为 Ag 和 O_2。

铂族金属及其化合物在空气中灼烧可形成各种组分的氧化物。由于许多氧化物不稳定，或者稳定的温度范围比较窄，或者某些氧化物具有挥发性，因此在用某些分析方法测定时要十分注意。例如，一些采用重量法的测定需在保护气氛中灼烧成金属后称重。$Os^{(Ⅷ)}$、$Ru^{(Ⅷ)}$ 的氧化物易挥发，这也是与其他贵金属分离的最好方法。铂族金属对氧的亲和力顺序依次为：$Pt<Pd<Ir<Ru<Os$。铂的亲和力最差，但粉末状的铂能很好与氧结合。贵金属的氧化物在溶液中多呈水合氧化物形式存在。

3. 贵金属的硫化物

形成硫化物是贵金属元素的共性，但难易程度不同。其中 IrS 生成较难，而 PdS、AgS 较容易形成。贵金属硫化物均不溶于水，其溶解度按下列顺序依次减小：Ir_2S_3、Rh_2S_3、PtS_2、RuS_2、OsS_2、PdS、Au_2S_3、Ag_2S。在贵金属的氯化物或氯配合物（银为硝酸盐）溶液中，通入 H_2S 气体或加入 Na_2S 溶液可得到相应的硫化物沉淀。

4. 贵金属的硝酸盐和亚硝酸盐化合物或配合物

在贵金属的硝酸盐中，$AgNO_3$ 是最重要的化合物。分析中所用的银标准溶液都是以 $AgNO_3$ 为初始基准材料配制的。其他贵金属的硝酸盐及硝基配合物不稳定，易水解，在分析中较少应用。铂族金属的亚硝基配合物是一类十分重要的配合物。铂族金属的氯配合物与 $NaNO_2$ 在加热条件下反应，生成相应的亚硝基配合物。这些配合物很稳定，在 pH8～10 的条件下煮沸也不会发生水解。利用这种性质可进行贵金属与贱金属的分离。

三、贵金属矿石矿物的取样和制样

含有贵金属元素的样品在分析之前必须具备两个条件：样品应是均匀的；样品应具有代表性。否则，无论分析方法的准确度如何高或分析人员的操作如何认真，获得的分析结果往往是毫无意义的。此外，随着科学技术的发展，贵金属资源被广泛应用于各工业部门和技术领域，由于贵金属资源逐渐减少，供需矛盾日渐突出，其价格日趋昂贵，因此对分析结果准确性的要求比其他金属要高。

贵金属矿石矿物的取样、加工是为了得到具有较好代表性和均匀性的样品，使所测试样品中贵金属的含量能够较真实地反映原矿的情况，避免取样带来的误差。贵金属在自然界中的赋存状态很复杂，又由于贵金属元素的含量较低，故分析试样的取样量必须满足两个因素：分析要求的精度；试样的均匀程度，即取出的少量试样中待测元素的平均含量要与整个分析试样中的平均含量一致。实际上贵金属元素在矿石中的分布并不均匀，往往集中在少数矿物颗粒中，要达到取出的试样与总试样完全一致的要求是很难做到的。因此，只能在满足所要求的分析误差范围内进行取样，增加取样量，分析误差可能会减小。试样中贵金属矿物的破碎粒度与取样量有很大关系，粒度愈大，试样愈不均匀，取样量也应愈大。因此加工矿物试样时应尽可能磨细。为了达到一定的测量精度，除满足上述取样量的条件外，还应满足测定方法的灵敏度。

一般的矿样，可按常规方法取样、制样。金多以自然金的形式存在于矿石矿物中，它的粒度变化较大，大的可达千克以上，而微小颗粒甚至在显微镜下都难以分辨。金的延展性很好，它的破碎速度比脉石的破碎速度慢，因此对未过筛的和残留在筛缝中的样品部分绝对不能丢弃，此部分大多含有自然金。金矿石的取样与加工一般按切乔特经验公式进行。对于比较均匀的样品，K 取值为 0.05，一般金矿石样品，K 取值为 0.6 ~ 1.5。

对于较难加工的金矿石，在棒磨之前加一次盘磨碎样并磨至 0.154mm，因为棒磨机的作用是用钢棒冲击和挤压岩石再磨细金粒，能满足一般金粒较细的试样所需的破碎粒度。含有较粗金粒的试样，用棒磨机只能使金粒压成片状或带状，达不到破碎的目的。而盘磨机是利用搓压的作用力使石英等硬度较大的物料搓压金粒来达到破碎的目的。

在金矿样的加工过程中，应注意以下几个方面：

（1）如果矿样量在 1kg 以下，碎样时应磨至 200 目。一半送分析用，一半作为副样。如果矿样量在 1kg 以上，按加工流程进行破碎，作基本分析的样品重量不应少于 500 ~ 600g。

（2）若样品中含有明金时，应增设 80 目过筛和筛上收金的过程。

（3）对于 1：20 万区域化探水系沉淀物样品，应将原分析样混匀后分取 40g，用盘磨粉碎至 200 目，混匀后作为金的测定样。

（4）在过筛和缩分过程中，任何时间都不能弃去筛上物和损失样品。

（5）所使用的各种设备每加工完一个样品后必须彻底清扫干净，并认真检查在缝隙等处有无金粒残留。

（6）矿样经棒磨机粉碎至 200 目后，送分析之前必须再进行混匀，以防止因金的密度大在放置时间过久或运送过程中金下沉而导致样品不均匀。

由于金在矿石中的不均匀性，要制取有代表性、供分析用的矿样，应尽可能地增大矿石取样量。在磨样过程中，对分离出粗粒的金应分别处理。其他贵金属矿样的取样与加工要比金矿石容易。

为了获得准确的分析结果，贵金属试样在分析之前，取样与样品的加工、试样的分解将是整个分析工作中的重要环节。另一方面，由于在大多数的分析方法中，获得的分析结果常常是通过与已知的标准物质的含量，包括标准溶液和标准样品进行比较获得的，因此，准确的分析结果同样也依赖于贵金属标准溶液的准确制备。

四、贵金属矿样的样品处理技术

贵金属矿石矿物的分解有其特殊性，是分析化学中的难题之一。因为多数贵金属具有很强的抗酸、碱腐蚀的特点，常用的无机溶剂和分解技术难以分解。含铑、铱和钌等试样，在常温、常压，甚至较高温度、压力下用王水也难以分解。砂铂矿多由超基性岩体中的铬—铂矿风化次生而成，其密度及硬度极高、化学惰性极强，在高温、高压条件下溶解也较慢。锇铱矿是以锇和铱为主的天然合金，晶格类型的差别较大（铱为等轴晶系，锇为六方晶系）。含锇高时称为铱锇矿，呈钢灰色至亮青铜色；含铱高时称为锇铱矿，呈明亮锡白色。它们的密度都很大，性脆且硬，含铱、钌高时磁性均较强，含锇高时相反。化学性质也都很稳定，于王水中长时间煮沸难以被分解。为了分解这些难溶物料，需要引入一些特殊的技术，如焙烧预处理技术、碱熔融技术、加压酸消解技术等。

（一）焙烧预处理方法

贵金属在矿石中除以自然金、自然铂等形式存在外，还以各种金属互化物形式存在，并常伴生在硫化铜镍矿和其他硫化矿中。用王水分解此类矿样时，由于硫的氧化不完全，易产生元素硫，并吸附金、铂、钯等，使测定结果偏低，尤其对金的吸附严重，故需要先进行焙烧处理，使硫氧化为 SO_2 而挥发。焙烧温度的控制是很重要的，温度过低，分解不完全；温度过高，会烧结成块，影响分析测定。常用的焙烧温度为 $600 \sim 700℃$，焙烧时间与试样量和矿石种类有关，一般为 1～2h。不同硫化矿的焙烧分解情况不同，其中黄铁矿最易分解，其次是黄铜矿，最难分解的是方铅矿。以下是几种贵金属矿石的焙烧处理方法：

（1）含砷金矿的焙烧。先将矿石置于高温炉中，升温至 400℃，恒温 2h，使大部分砷分解、挥发，继续升温至 650℃，使硫和剩余的少量砷完全挥发。于矿石中加入 NH_4NO_3、$Mg(NO_3)_2$ 等助燃剂，可提高焙烧效率，缩短焙烧时间。如果金矿中砷的含量在 0.2% 以上，且砷含量比金含量高 800 倍的条件下焙烧时，会生成砷和金的一种易挥发的低沸点化合物而使金损失，此时的焙烧温度应控制在 650℃ 以下。当金矿石中硅含量较高时，加入一定量 NH_4HF_2 可分解 SiO_2。

（2）含银硫化矿的焙烧。先将矿石置于高温炉中，升温至 650℃，恒温 2h，使硫完全挥发。为此，用酸分解焙烧试样时，加入 HF 以分解硅酸银，可获得满意的结果。

（3）含铂族元素硫化矿的焙烧。与含金硫化矿的焙烧方法相同。

（4）含锇硫化矿的焙烧。试样进行焙烧时，易氧化为 OsO_4 形式挥发损失，于焙烧炉中通入氢气，硫以 H_2S 形式挥发；或按 10：1：1：1 比例将矿石、NH_4Cl、$(NH_4)_2CO_3$、炭粉混合后焙烧，可加速硫的氧化，对锇起保护作用。

（二）酸分解法

贵金属物料的酸分解法是最常用的方法，操作简便，不需特殊设备。常用的溶剂是王水，它所产生的新生态氯具有极强的氧化能力，是溶解金矿和某些铂族矿石的有效试剂。溶解金时可在室温下浸泡，加热使溶解加速。溶解铂、钯时，需用浓王水并加热。此外，分解金矿的试剂很多，如 HCl-H_2O_2、HCl-$KClO_3$、HCl-Br_2 等。被硅酸盐包裹的矿物，应在王水中加少量 HF 或其他氟化物分解硅酸盐。酸分解方法不能用于含铑、铱矿石的分解，此类矿石只有在高温、高压的特定条件下强化溶解才能完全溶解。

（三）碱熔法

固体试剂与试样在高温条件下熔融反应可达到分解的目的。最常用的是过氧化钠熔融法，几乎可以分解所有含贵金属的矿石，但对粗颗粒的锇铱矿很难分解完全，常需要用合金碎化后再碱熔才能分解完全。本法的缺点是引入了大量无机盐，对坩埚腐蚀严重，又带入了大量铁、镍。使用镍坩埚还能带入微量贵金属元素。此法多用于无机酸难以分解的矿石。

五、贵金属元素的分离和富集方法

贵金属元素在岩石矿物中的含量较低，因此，在测定前对其进行分离富集往往是必要且关键的一步。贵金属元素的分离和富集有两种方法；一种是干法分离和富集——火法试金；一种是湿法分离和富集——将样品先转为溶液，然后采用沉淀、吸附、离子交换、萃取、色层等方法进行分离富集。贵金属与贱金属分离，主要有共沉淀分离法、溶剂萃取法、离子交换分离法、活性炭分离富集法、泡沫塑料富集法及液膜分离富集法等。目前应用最广泛的是火试金法、泡沫塑料法、萃取法。

六、贵金属元素的测定方法

(一) 化学分析法

1. 重量法测定金与银

将铅试金法得到的金、银合粒，称其总量。经"分金后"得到金粒，称重。两者重量之差为银的重量。为了减少金在灰吹中的损失和便于分金，在熔炼时通常加入毫克量的银。如果试样中含金量较高，加入的银量必须相应增加，以达金量的 3 倍以上为宜。低于此数时，分金不完全，且银不能完全溶解，影响测定结果。

在实际应用中，不同含金量可按银与金的比例加入银，可满意地达到分金效果。如合粒中含银量低、含金量高时，可称取两份试样，一份不加银，所得合粒称重，为金银合量。另一份加银，分金后测金。二者重量之差为银量。亦可先将金、银合粒称重，再加银灰吹，然后进行分金，测得金量。差减法得银量。分金可采用热硝酸（1∶7），此时合粒中的银、钯以及部分铂溶解，而金不溶并呈一黑色的整粒留下来。如果留下的金粒带黄色，则表示分金不完全，应当取出，补加适量银，包在铅片中再灰吹，然后分金。

用硝酸（1∶7）分金后，金粒中还残留有微量银，可再用硝酸（1∶1）加热数分钟除去。

2. 滴定法

在贵金属元素的滴定法中，主要利用贵金属离子在溶液中进行的氧化还原反应、形成稳定配合物反应、生成难溶化合物沉淀或被有机试剂萃取的化合反应。被滴定的贵金属离子本身多数是有颜色的，而且存在着复杂的化学形态和化学平衡反应，故导致滴定法的应用有一定的局限性。

金的滴定法主要依据氧化还原反应，包括碘量法、氢醌法、硫酸铈滴定法、钒酸铵滴定法及少数催化滴定法和原子吸收－碘量法联合的分析方法。其中碘量法和氢醌法在我国应用最普遍，它们与活性炭或泡塑吸附分离联用，方法的选择性较好，且可测得微量至常量的金，已成为经典的测定方法或实际生产中的例行测定规程。由于样品的成分的复杂性，故用活性炭吸附分离－碘量法测定金时，还应针对试样的特殊性采取相应的预处理手段。例如，含铅、银高的试样，可加入 5～7g 硫酸钠，煮沸使二氯化铅转化为硫酸铅沉淀过滤除去，银用盐酸溶液（2+98）洗涤，可避免氯化银沉淀以银的氯配离子形式进入溶液中而被活性炭吸附。含铁、铅、铜、锌的试样，在滴定时加入 0.5～1g 氟化氢铵可掩蔽 50mg 铁、铅，3～5mL 的 EDTA 溶液（25g/L）可掩蔽大量铅、铜、锌，但需立即加入碘化钾，以避免 $Au^{(Ⅲ)}$ 被还原为 $Au^{(1)}$。含硫高时，于马弗炉中 500℃ 温度下焙烧 3h 后再于 650～700℃ 恒温 1～2h，可避免金的分析结果偏低。含锑的试样，用氢氟酸蒸发 2 次，可消除其对金的影响。试样中含铂和钯时，会与碘化钾形成红色和棕色碘化物，且消耗硫代硫酸钠，可于滴定时加入 5mL 硫氰酸钾溶液（250g/L），使之形成稳定的配合物而消除干扰。用碘量法测定金的误差源于多种因素：金标准溶液的稳定性、活性炭吸附金的酸度、水浴蒸发除氮氧化物的条件、淀粉指示剂用量、滴定前碘化钾的加入量、分取试液和滴定液的浓度、标定量的选择等，因此应予以注意。

关于银的化学滴定法，应用最普遍的是硫氰酸钾（铵）和碘化钾沉淀滴定法，其次是硫代硫酸钠返滴定法、硫酸亚铁氧化还原滴定法和二硫腙萃取滴定法等。硫氰酸钾滴定法测定银：将试金所得的金、银合粒用稀硝酸溶解其中的银，以硫酸铁铵为指示剂，用硫氰酸钾标准溶液滴定至淡红色，即为终点。在铂族金属的滴定中，以莫尔盐还原 Pt$^{(IV)}$，用钒酸铵返滴定法或二乙基二硫代氨基甲酸钠滴定法的条件苛刻，选择性差，不能用于组成复杂的试样分析中。于 pH 为 3～4 酸性介质中，长时间煮沸的条件下，Pt$^{(IV)}$ 能与 EDTA 定量络合，在乙酸－乙酸钠缓冲介质中，用二甲酚橙作指示剂，乙酸锌滴定过量的 EDTA，可测定 5～30mgPd。利用这一特性，采用丁二肟分离钯，用酸分解滤液中的丁二肟，可测定含铂、钯的冶金物料中的铂。Pd$^{(II)}$ 的滴定测定方法较多，常见的是利用形成难溶化合物沉淀和稳定配合物的反应。在较复杂的冶金物料中，采用选择性试剂掩蔽钯，二甲酚橙作指示剂，锌（铅）盐滴定析出与钯等量的 EDTA 测定钯的方法较多。

（二）仪器分析法

贵金属在地壳中的含量很低，因此各种仪器分析方法在贵金属的测定中获得了非常广泛的应用。主要有可见分光光度法、原子吸收光谱法、发射光谱法、电感耦合等离子体原子发射光谱法、电感耦合等离子体质谱法等。

七、贵金属矿石的分析任务及其分析方法的选择

贵金属矿石的分析项目主要是金、银、铑、钌、钯、锇、铱、铂含量的测定，除精矿外，一般矿石中贵金属的含量都比较低，因此，在选择分析方法时，灵敏度是需要重点考虑的因素。一般，银的测定主要用原子吸收光谱法和可见分光光度法，且 10g/t 以上含量的不需要预富集，可直接测定。可见分光光度法、原子吸收光谱法、电感耦合等离子体原子发射光谱法、电感耦合等离子体质谱法在金的测定上都获得了广泛的应用。金的测定一般都需要采取预富集手段。铑、钌、钯、锇、铱、铂在矿石中含量甚微，因此对方法的灵敏度要求较高。目前，电感耦合等离子体质谱法在铑、钌、钯、锇、铱、铂的测定的应用已经越来越广泛和成熟。另外光度法、电感耦合等离子体发射光谱法也在铑、钌、钯、锇、铱、铂的测定中发挥了重要作用。

第二节　金矿石中金含量的测定

一、仪器和试剂准备

（1）仪器：原子吸收分光光度计，金空心阴极灯。

（2）泡沫塑料：将100g聚氨酯软质泡沫塑料（厚度约5mm）浸于400mL三正辛胺乙醇（3%）溶液中，反复挤压使之浸泡均匀，然后在70～80℃温度下烘干，剪成0.2g左右小块备用（一周内无变化）。

（3）硫脲–盐酸混合溶液：含5g/L硫脲的盐酸（2%）溶液。

（4）金标准溶液：称取0.1000g纯金置于50mL烧杯中，加入10mL王水，在电热板上加热溶解完全后，加入5滴氯化钠（200g/L）溶液，于水浴上蒸干，加2mL盐酸蒸发到干（重复3次），加入10mL盐酸温热溶解后，用水定容至100mL，此贮备液含金1mg/mL。取该溶液配制含金至100μg/mL及10μg/mL的标准溶液[盐酸（10%）介质]。

二、分析步骤

称取5～30g试样于瓷舟中，在550～650℃的高温炉中焙烧1～2h，中间搅拌2～3次，冷后移入300mL锥形瓶中，加入50mL王水（1+1），在电热板上加热近沸约1h（如含锑、钨时，应加入1～2g酒石酸，含酸溶性硅酸盐应加入5～10g氟化钠，煮沸），用水稀释至100mL，加入约0.2g泡沫塑料（预先用水润湿），用胶塞塞紧瓶口，在往复式振荡机上振荡30～90min，取出泡沫塑料，用自来水充分洗涤，然后用滤纸吸干，放入预先加入25mL硫脲–盐酸混合液的50mL比色管中，在沸水浴中加热15min，用玻璃棒将泡沫塑料挤压数次，取出泡沫塑料，将溶液定容到50mL，按仪器的工作条件，用原子吸收光谱法测定。随同试样做试剂空白试验。

工作曲线的绘制：吸取2.50mL、5.00mL、10.00mL、15.00mL、20.00mL含金10μg/mL的金标准溶液于50mL容量瓶中，25mL硫脲溶液（10g/L），以水定容；按试样相同条件，用原子吸收光谱法测定。

三、方法原理

试样用王水分解，在约10%（体积分数）王水介质中，金用负载三正辛胺的聚氨酯泡沫塑料来吸附，然后用5g/L硫脲－2%（体积分数）盐酸溶液加热解脱被吸附的金，直接用火焰原子吸收光谱法测定。

四、方法优点

聚氨酯泡沫塑料分离富集金，萃取容量大、选择性好、回收率高（97%以上）。该法操作简单快速、稳定性好、易于掌握、成本低，适用于大批量生产样品的分析。

五、泡沫塑料分离富集方法简介

泡沫塑料（PF，简称泡塑）属软塑料，为甲苯二异氰酸盐和聚醚或聚酯通过酰胺键交联的共聚物。泡沫塑料已经广泛应用于贵金属的分离和富集。其分离与富集的机理可能包括表面吸附、吸附、萃取、离子交换、阳离子螯合等。泡塑吸附金属的效能取决于泡塑及金属配离子的类型、性质和配离子在溶液中的形成环境、扩散速度以及吸附方式。泡塑由于含有聚醚氧结构，适宜接受一价和二价的配阴离子，它的吸附行为与阴离子交换树脂的类似，故其吸附具有选择性。Au、Tl等以离子形式存在时，几乎不被泡塑吸附，只有成 $[MeX_4]^-$ 型配阴离子时才能被吸附。

泡塑主要用于金的吸附分离。不同厂家生产的泡沫塑料的质量、结构和性质有差异，对金的吸附容量也不相同，通常在50~60mg/g之间。泡塑吸附的方式分为动态吸附和静态吸附。静态吸附是将泡塑块投入含金溶液中振荡吸附金。动态吸附是将泡塑做成泡塑柱，金溶液流入柱中进行吸附。王水浓度在（4+96）~（15+85）范围内对吸附无明显影响，当王水浓度低于（2+98）时略有偏低；当王水浓度大于（1+4）时，泡塑发黑。溶液体积在50~200mL对吸附无影响，振荡时间30min可以基本吸附完全。用0.4g泡塑对20~100μg的金进行吸附，吸附率可达98%以上。动态吸附率稍高于静态吸附。泡塑在王水（1+9）介质中吸附金，吸附率可达99%以上，其吸附流速可在较大范围内变化，以小于10mL/min为宜。将萃取剂或螯合剂负载在泡塑上制备得到的负载泡塑兼有萃取和泡塑吸附两种功能，因而对金具有更大的富集能力。负载泡塑的吸附性质取决于负载在泡塑上萃取剂的种类和性质。目前，在金的分析测定中应用最广泛的载体泡塑有：磷酸三丁酯（TBP）泡塑、三正辛胺泡塑、双硫腙泡塑、甲基异丁酮泡塑、二正辛基亚砜泡塑、二苯硫脲泡塑、三苯基膦泡塑、酰胺泡塑以及将活性炭和泡沫塑料两种富集分离方法相结合而制备的充炭泡塑。其中，以二苯硫脲泡塑、三正辛胺泡塑、二正辛基亚砜泡塑、双硫腙泡塑富集金的性能较好。

吸附完后，需要对金进行解吸，通常解吸有以下一些方法：

（一）灰化灼烧法

将吸附金的泡沫塑料用滤纸包好，置于 30mL 瓷坩埚中灰化、灼烧。取出冷却后，加 2 滴氯化钾溶液（200g/L）、3mL 王水，在水浴上蒸干。然后再加入 10 滴浓盐酸，再次蒸干以除去硝酸。最后用光度法或原子吸收光谱法测定。

（二）硫脲解吸法

当吸附金的泡沫塑料浸泡于硫脲热溶液中，此时硫脲将 $Au^{(III)}$ 还原为 $Au^{(I)}$，并形成 $Au^{(I)}$ 硫脲配合物，故金离子能从泡沫塑料上被洗脱。硫脲解吸金的条件是：酸度以中性溶液或小于 0.5mol/L 盐酸溶液为好。当盐酸浓度大于 0.5mol/L 时，容易析出单体硫而使结果偏低，从反应式可以看出，盐酸的存在显然对解吸是不利的。在常温下，硫脲解吸金的能力较低，4h 不能使金解吸完全，而在沸水浴中保温 20min 即可使金解吸完全，回收率可达 95% 以上。保温时间在 20 ~ 90min 不影响结果。硫脲的浓度为 10 ~ 50g/L，通常采用 20 ~ 30g/L。该法操作简单快速，成本较低，适用于原子吸收光谱直接测定。

（三）硝酸 – 氯酸钾（HNO_3–$KClO_3$）分解法

泡沫塑料能够被氧化性无机酸和氧化剂所分解。采用 HNO_3、H_2SO_4-$KMnO_4$、HNO_3-H_2O_2、HNO_3-$HClO_4$、HNO_3-$KClO_3$ 等分解泡沫塑料试验表明，其中以 HNO_3-$KClO_3$ 分解效果最佳。在 HNO_3-$KClO_3$ 的作用下，泡沫塑

料很快变成棕黑色块状体，软化后而溶解，并析出黄色油脂状物质浮在溶液表面。加热则发生剧烈的反应而放出大量的 NO_2 气体。对于 0.2～0.3g 泡沫塑料，硝酸用量在 8mL 以上，氯酸钾在 0.05g 以上，足以使泡沫塑料分解完全，最后得到黄色清亮的溶液。

（四）甲基异丁基酮（MIBK）解吸法

MIBK 是金的有效萃取剂。利用 MIBK 的萃取性能可以将泡沫塑料吸附的金解吸。利用 20mLMIBK，剧烈振荡 2min，金的回收率可达 95%～100%。

六、铅试金法富集矿石中的金

经典的火法试金——铅试金法应用于金和银富集已有悠久历史，方法也比较完善。20 世纪初开始尝试用经典的铅试金法来富集样品中的铂族金属。由于铂族金属在自然界中比金、银更为稀少，故富集效果较差。为此 20 世纪 50 年代末期，相继出现了铜镍试金法、锡试金法、镍锍试金法和锑试金法。火法试金作为可靠的方法被长期广泛采用，这是因为火法试金取样量大，一般取 20～40g，有时多至 100g 以上，这样既减少了称样误差，又使结果具有较好的代表性。同时火试金的富集倍数很大（10^5 倍以上），能将几十克样品中的贵金属富集于几毫克的试金合粒中，而且合粒的成分简单，便于后续测定。但火试金法也有其缺点：需要庞大的设备；又要求在高温下进行操作，劳动强度大，在熔炼过程中产生大量的氧化铅等蒸汽，污染环境。所以分析工作者多年来一直想找到一种新的方法，取而代之。近年来在这方面已有所进展，有的方法可以与火法媲美，但对不同性质的样品适应性不如铅试金。所以铅试金仍被各实验室用于例行分析或用以检查其他方法的分析结果。

铅试金的整个过程，可以分为配料、熔炼、灰吹、分金等几个步骤。不同种类的样品，其配料方法和用量比不一样。根据配料的不同，铅试金又可分为面粉法、铁钉法、硝石法等。面粉法以小麦粉作还原剂。铁钉法以铁钉为还原剂，铁钉还可以作为脱硫剂，用于含硫高的试样。硝石法是以硝酸钾作为氧化剂，用于含大量砷、碲、硫及高硫的试样分解，此法不易掌握，一般不常用。常用的为面粉法，它用面粉把氧化铅还原为铅，使铅和贵金属形成合金，与熔渣分离。

（一）配料

在熔炼前要在试样中加入一定量的捕集剂、还原剂和助熔剂等。

（1）捕集剂：铅试金以氧化铅为捕集剂。在熔炼过程中，氧化铅被还原剂还原为金属铅，它能与试样中的贵金属生成合金，一般称"铅扣"，与熔渣分离。

对氧化铅的纯度要求不严，只要是不含贵金属的氧化铅如密陀僧等，就可以采用。

（2）还原剂：加入还原剂是为了使氧化铅还原为铅。可用炭粉、小麦粉、糖类、酒石酸、铁钉（铁粉）、硫化物等，国内多采用小麦粉。

（3）助熔剂：常采用的助熔剂有玻璃粉、碳酸钠、氧化钙、硼酸、硼砂、二氧化硅等。根据样品的成分，加入不同量的这些助熔剂，可降低熔炼温度，使熔渣的流动性比较好，铅扣和熔渣容易分离。

配料是铅试金的一个关键步骤，配料不恰当会使铅试金失败。配料是根据试样的种类，按一定比例称取捕集剂、还原剂、助熔剂的细粉和试样混合均匀。各实验室的配料比例不完全相同，仅略有差异。

试样和各种试剂应当混合均匀，使熔炼过程还原出来的金属铅珠能均匀地分布在试样中，发挥溶解贵金属的最大效能。混匀的方法有下列四种。

（1）试样和各种试剂放在试金坩埚中，用金属匙或刮刀搅拌均匀。

（2）在玻璃纸上来回翻滚混合均匀，连纸一起放入试金坩埚中。把玻璃纸的还原力也计算进去，少加些小麦粉等。

（3）把试样和各种试剂称于一个广口瓶中，加盖摇匀，然后倒入试金坩埚中。

（4）将试样和各种试剂称于重1g，长、宽各30cm的聚乙烯塑料袋中，缚紧袋口，摇动5min，即可混匀。然后连塑料袋放入试金坩埚中。配料时应把塑料袋的还原力计算进去，减少还原剂的用量。

（二）熔炼

将盛有混合料的坩埚放在试金炉中，加热。于是，氧化铅还原为金属铅；它捕集试样中的贵金属后，凝聚下降到坩埚底部，形成铅扣。这个过程称为熔炼。熔炼过程应控制形成的铅扣的大小和造渣情况，并防止贵金属挥发损失。

常用的试金炉有柴油炉、焦炭炉和电炉三种，以电炉较为方便。

试样和各种试剂的总体积不要超过坩埚容积的四分之三，根据配料多少可以采用不同型号的坩埚。在坩埚中的混合料上面覆盖一层食盐或硼玻璃粉，以防止爆溅和贵金属的挥发，并防止氧化铅侵蚀坩埚。坩埚放进试金炉后，应慢慢升高温度，以防水分和二氧化碳等气体迅速逸出，造成样品的损失。升温到 $600 \sim 700 ℃$ 后，保持 $30 \sim 40min$，使加入的还原剂及试样中的某些还原性组分与氧化铅作用生成金属铅，铅溶解贵金属形成合质金。然后升温至 $800 \sim 900 ℃$，坩埚中的物料开始熔融，渐渐能流动。反应中产生的二氧化碳等气体逸出时，对熔融物产生搅拌作用，促使铅更好地起捕集和凝聚作用。铅合金的密度大于熔渣，逐渐下降到坩埚底部。最后升温到 $1100 \sim 1200 ℃$，保持 $10 \sim 20min$，使熔渣与铅合金分离完全。取出坩埚，倒入干燥的铁铸型中。当温度降到 $700 \sim 800 ℃$ 时，用铁筷挑起熔渣，观察造渣情况，以便改进配料比。若造渣酸性过强，则流动性较差，影响铅的沉降；若碱性过强，则对坩埚侵蚀严重，可能引起坩埚穿孔，造成返工。

熔融体冷却后，从铁铸型中倒出，将铅扣上面的熔渣弃去，把铅扣锤打成正方体。所得铅扣量最好在 $25 \sim 30g$ 之间，以免贵金属残存在熔渣中。如铅扣过大（大于 $40g$）或过小（小于 $15g$），应当返工。铅扣过大，说明配料时加的还原剂太多；铅扣太小，说明加入的还原剂太少。所以重做时应当适当地减少或增加还原剂的用量。根据还原剂的还原力，计算出应多少或补加多少还原剂。

试样的组成是复杂的，有的具有氧化能力，有的具有还原能力。有还原能力的试样应当少加还原剂，有氧化能力的试样应当多加还原剂。

遇到陌生的样品，难以确定配料比时，可以通过化验测定各种元素的含量，或通过物相分析测定出主要矿物组分的含量，也可以进行试样的氧化力或还原力的试验，以决定配料的组成和比例。

锤击铅扣时，如果发现铅扣脆而硬，这就表示铅扣中含有铜、砷或锑等。遇到这种情况，需要少称样，改用硝酸钾配料，重新熔炼。

矿石和团岩矿物的主要造渣成分为：SiO_2、FeO、CaO、MgO、K_2O、

Na_2O、Al_2O_3、MnO、CuO、PbO等。这些氧化物中，除了很少的氧化物能单独在试金炉温度下熔融外，大多数不熔，因而需要加入助熔剂。若为酸性氧化矿石应当加入碱性助熔剂，碱性氧化矿石则应加入酸性助熔剂，硫化物样品可加铁钉或铁粉助熔。

（三）灰吹

灰吹的作用是将铅扣中的铅与贵金属分离。铅在灰吹过程中，被氧化为氧化铅，然后被灰皿吸收；而贵金属不被氧化，呈圆球体留在灰皿上，与铅分离。

灰皿是由骨灰和水泥加水捣和在压皿机上压制而成的。含骨灰多的灰皿吸收氧化铅的性能较好，但灰皿成型较困难。应由具体试验确定水泥和骨灰的比例。灰皿为多孔性、耐高温、耐腐蚀的浅皿，重约 40～50g，使用前，将清洁的灰皿放在 1000℃以上的高温炉中，预热 10～20min，以驱除灰皿中的水分和气体。加热后，如发现灰皿有裂缝，应当弃去不用。降温后，将铅扣放于灰皿中央，加热至 675℃，铅扣熔融显出银一样的光泽。微微打开炉门（注意：不要大开炉门，以防冷空气直接吹到灰皿上，使铅的氧化作用太激烈，发生爆溅现象）。这时铅被氧化成氧化铅，氧化铅逐渐由铅扣表面脱落下来，被灰皿吸收。铜、镍等杂质被氧化为氧化铜和氧化镍等，对灰皿也有湿润作用，并渗透到灰皿中。

灰吹温度不宜太高，应控制在 800～850℃，使铅恰好保持在熔融状态。若温度过低，氧化铅与铅扣不易分离。氧化铅将铅扣包住，可使铅立即凝固，这种现象叫作"冻结"。凝固后再进行加温灰吹，会使贵金属损失加大。合适的温度能使氧化铅挥发至灰皿边沿上，出现羽毛状的结晶；若羽毛状氧化铅结晶出现在灰皿表面上，则说明温度太低。

微量的杂质如铜、铁、锌、钴、镍等，部分转变为氧化物被灰皿吸收，还有部分挥发掉。铅也是如此，大部分成为氧化铅被灰皿吸收，小部分挥发掉。贵金属大都不被氧化。例如金、银、铂、钯等，它们的内聚力较强，凝集成球状，不被灰皿吸收，也不挥发。在铅扣中的铅几乎全部消失后，可以看到球面上覆盖着一个彩虹镜面（或称辉光点）。随后这个彩虹镜面消失，圆球变为银灰色。将炉门关闭 2min，进一步除去微量残余的铅后，再取出灰皿冷却。若不经过 2min 的除铅过程，则在取出灰皿时，因微量的余铅激烈氧化发生闪光，会造成贵金属的损失。

炉温过高也会造成贵金属的损失。虽然金、银、铂、钯等挥发甚微，但在高温下，它们会部分地被氧化而随氧化铅渗入灰皿中。灰吹过程温度愈高，金、银、铂、钯的损失愈大，所以应当将温度严格控制在 800 ~ 850℃。

(四) 分金与称量

分金是指将火法试金得到的金属合粒中的金和银分离的过程，它适用于金和银的重量法测定。若所得金银合粒中只有金和银，利用银溶液溶于热稀硝酸而金不溶的特性，将金和银分开。

分金用的硝酸不能含有盐酸和氯气等氧化剂。

(五) 铅试金中铂族元素的行为

铂族元素在铅试金中表现的行为很复杂，如钌与锇在熔炼过程及灰吹过程容易被氧化成四氧化物而挥发，所以用铅试金法测定钌和锇是困难的。

铱在铅试金的熔炼过程中，不与铅生成合金，而是悬浮在熔融的铅中。所以当铅扣与熔渣分离时，铱的损失很严重。在灰吹过程中，铑不溶于银，氧化损失严重。因此，铱、铑采用铅试金分离富集，是不合适的。

铂、钯在铅试金中的行为与金相似，在熔炼过程溶于铅，在灰吹过程溶于银，在熔炼和灰吹过程都损失甚微。只有含镍的样品使铂、钯损失严重，可以改用锍试金及锑试金进行分离和富集。

(六) 金与银、铂、钯的分离

若试样中有金、银、铂、钯，则进行铅试金时，灰吹后得到的合粒为灰色。含铂、钯量较大时，在灰吹过程中，铅未被完全氧化并被灰皿吸收之前，熔珠可能发生"凝固"，得到的金属合粒表面粗糙。

金属合粒中的银比铂、钯多 10 倍以上时，须用稀硝酸分金多次。铂、钯可以随银完全溶于酸而与金分离。将残留的金洗涤、烘干、称量，得到金的测定结果。

分离金以后的酸性溶液，加热蒸发除酸，通入硫化氢将银沉淀。硫化银可以将铂、钯等硫化物一起沉淀下来。将沉淀用薄铅片包裹起来，再进行灰吹。得到的金属合粒用浓硫酸加热处理，银溶而铂、钯不溶，因此得以分离。

也可以用王水溶解上述硫化物。加入氨水，若有不溶残渣，过滤除去。将滤液蒸干，加水溶解后，加入饱和氯化钾酒精溶液，静置，使铂形成 $K_2[PtCl_6]$ 沉淀，用恒重的玻璃砂芯漏斗过滤。用80%酒精洗涤后，放在恒温箱中干燥，然后称重。这个方法只适用于含铂高的样品。银、铂、钯也可以在同一溶液中用原子吸收分光光度法或发射光谱分析法进行测定。

（七）提高试金结果准确度的几项要素

试金分析的全过程有繁杂的手工操作，看起来似乎是个粗糙的过程，但实际上操作中的每一步都必须认真仔细。为提高分析结果的准确度，除了按操作规程认真操作外，还必须从下述几个方面着手：

（1）灰皿材料及制作。灰皿材料宜使用动物骨灰、水泥或镁砂。使用500号水泥加10%～15%的水压制成水泥皿，自然干燥后使用，由于水泥皿的空隙较粗大，灰吹时的贵金属损失较大，合粒与水泥皿亦易黏结，故分析误差较大，一般只是在骨灰缺乏时用于厂内部周转料的分析。使用动物骨灰，最好是牛羊骨烧成骨灰，然后碾成0.175mm以下，加10%～15%的水压制成骨灰皿，自然干燥3个月后使用。在灰吹前先将灰皿放入马弗炉内于900℃左右烧20min以除去可能存在的有机物。

由于在灰吹过程中氧化铅及贱金属氧化物除少量进入空气挥发外，绝大部分要被灰皿吸收。灰皿对金、银也有一些吸收，即所谓金、银损失。因此，不言而喻，灰皿制作时的压力差异必然造成灰皿空隙的差异，从而造成金的灰吹损失的差异，增大了分析误差。这就要求同一批材料来源的骨灰粉要用相同的压力加工；在人力加工的条件下，同一盒灰皿要由同一个人加工；在灰皿将要用完的情况下，不要在不同盒的灰皿中挑选，以免造成分析误差的扩大。更不能将不同来源的骨灰材料灰皿混批使用。

（2）火试金对马弗炉的通风要求及补偿措施。灰吹过程实际上是样品中的贱金属和铅在高温下的氧化过程，因此要求灰皿中熔融的物料与空气有均匀的接触机会，以保证氧化速度的一致，最理想的是铅扣同时熔化，以同样的速度灰吹，同时完成即同时达到辉光点。这就要求马弗炉有合适的进出气孔道。由于一般使用的马弗炉不可能是理想的，除在设计制作时应进行改进外，应考虑到炉内不同位置接触空气的差异和温度差异，对不同区域的样品应使用相应的标准进行补正，其原则是尽量使标准能代表样品。

第三节　矿石中银含量的测定

一、仪器及试剂

（1）原子吸收分光光度计、银空心阴极灯。

（2）银标准贮存溶液：称取 0.5000g 银（99.99%）于 100mL 烧杯中，加入 20mL 硝酸（1+1），微热溶解完全，煮沸驱除氮的氧化物。取下冷至室温，移入 1000mL 容量瓶中，加入 20mL 硝酸（1+1），用不含氯离子水定容。此溶液含银 0.5mg/mL。

（3）银标准溶液：移取 10mL 银标准贮存溶液于 100mL 容量瓶中，加入 4mL 硝酸（1+1），用不含氯离子水定容。此溶液含银 50μg/mL。

（4）盐酸（AR）。

（5）硝酸（AR）。

（6）高氯酸（AR）。

二、分析步骤

称取 0.2500～1.0000g 试样于 250mL 烧杯中，加少许水润湿摇散（随同试样做空白试验），加 25mL 盐酸，加热溶解，低温蒸至溶液体积 10mL。加入 5～10mL 硝酸，继续加热溶解至体积为 10mL 左右，加 5mL 高氯酸，加热冒烟至湿盐状，取下冷却，用水吹洗表面皿及杯壁，加入盐酸（加入量使最后测定溶液酸度保持在 10%），煮沸使可溶性盐类溶解，冷却至室温，移入容量瓶中（容量瓶大小视含量而定），以水定容，静置或干过滤。滤液于原子吸收分光光度计灯电流 3mA，波长 328.1nm，光谱通带 0.4nm，燃烧器高度 5mm，空气流量 5L/min，乙炔流量 1.0L/min，用空气—乙炔火焰，以水调零，测量溶液的吸光度。将所测吸光度减去试样空白吸光度，从工作曲线上查出相应的银的质量浓度。随同试样做空白试验。

工作曲线的绘制：移取 0、1.00、2.00、3.00、4.00、5.00mL 银标准溶液于一组 100mL 容量瓶中，加 20mL 盐酸（1+1），用水定容。与试样相同的测定条件下，测量标准溶液吸光度。以吸光度（减去零浓度溶液吸光度）为纵坐标，以银的质量浓度为横坐标，绘制工作曲线。

三、原子吸收光谱法测定银的原理

试样经盐酸、硝酸、氢氟酸、高氯酸分解，赶尽氟和破坏有机物后，在酸性介质中用空气—乙炔火焰，于原子吸收光谱仪上，在波长 328.1nm 处测量银的吸光度。方法测定范围为 $1 \sim 500 \mu g/g$。

四、银的测定方法概述

（一）滴定法

银的滴定法是使用较为广泛的方法之一。基于银与某种试剂在一定条件下生成难溶化合物的沉淀反应，其中碘量法和硫氰酸盐滴定法用得最为普遍。其他还有配位滴定法、亚铁滴定法、电位滴定法、催化滴定法等。这里重点介绍硫氰酸盐滴定法。

在弱的硝酸介质中，硫氰酸钾或硫氰酸铵与银离子反应，形成微溶的硫氰酸银沉淀。

用硝酸铁或铁铵钒作为指示剂，终点时过量的硫氰酸钾同 Fe^{3+} 形成红色配合物 $[Fe(SCN)_6]^{3+}$。由于 Ag^+ 与 SCN^- 结合能力远比 Fe^{3+} 强，所以只有当 Ag^+ 与 SCN^- 反应完后，Fe^{3+} 才能与 SCN^- 作用，使溶液呈现浅红色。

Ni^{2+}、Co^{2+}、Pb^{2+}（大于 300mg）、Cu^{2+}（大于 10mg）、Hg^{2+}（大于 $10 \mu g$）、Au^{3+} 以及氯化物、硫化物干扰硫氰酸盐滴定银。此外氧化氮和亚硝酸根离子可氧化硫氰酸根离子，也干扰测定，所以必须预先除去。Pd 与 SCN^- 离子生成棕黄色胶状沉淀，也消耗 SCN^-。以硫氰酸盐作为银滴定剂专属性较差，因此在滴定前一般先将银与其他干扰元素分离。常用的分离方法有火试金法、氯化银沉淀法、巯基棉分离法、硫化银沉淀法、泡沫塑料分离法等。

(二) 可见分光光度法

自从原子吸收光谱法用于银的测定以来，光度法测定银的研究工作和实际应用显著地减少。然而某些银的光度法具有灵敏度高、设备简单等优点。因此在某种场合下，分光光度法仍不失为银的一种方便的测定手段。

分光光度法测定银的显色剂种类很多，主要有：

(1) 碱性染料：三苯甲烷类、罗丹明 B 类；

(2) 偶氮染料：吡啶偶氮类、若丹宁偶氮类；

(3) 含硫染料：双硫腙、硫代米蚩酮、金试剂；

(4) 卟啉类染料；

(5) 其他有机染料。

下面重点介绍含硫类染料光度法。

用于光度法测定银的含硫染料有：双硫腙、硫代米蚩酮 (TMK)、金试剂等。其中 TMK 最为常用。TMK 是测定银的灵敏度较高的试剂，通常采用胶束增溶光度法进行测定，现已用于岩石、矿物、废水等物料中微量银的测定。在 pH 值为 2.8 ~ 3.2 的乙酸 – 乙酸钠缓冲溶液中，TMK 与银形成一种不溶于水的红色配合物，可溶于与水混溶的乙醇溶液中，最大吸收波长为 525nm，银量在 2.0 ~ 25 μ g/25mL 范围内符合比尔定律。具体分析步骤如下：

称取 0.5000 ~ 1.000g 矿样于瓷坩埚中，放入 700℃马弗炉中灼烧 1.5h，取出冷却，将试样移入 100mL 烧杯中，加 5mL 盐酸 – 磷酸混合酸 (4+1)，5mL 氯化钠 (100g/L)，加热溶解，冷却，加 40 ~ 50mL 氨水 (1+3) 使溶液 pH 为 8 ~ 9，过滤于 100mL 容量瓶中，用水定容，摇匀。吸取 10mL 清液于 50mL 烧杯中，加入 5mL 乙酸 (10%)、4mL 乙酸 – 乙酸钠 (pH4) 缓冲溶液、1mL 柠檬酸铵 (400g/L)、1mL EDTA(100g/L) 溶液 (用 15% 氨水配制)、1.5mL 0.1g/L 硫代米蚩酮的乙醇溶液，摇匀，加入 1mL 十二烷基苯基磺酸钠溶液 (30g/L)，移入 25mL 容量瓶中，用水定容，摇匀。用 1cm 比色皿，以试剂空白作参比，于波长 525nm 处测量吸光度。

(三) 原子吸收光谱法

在原子吸收光谱法测定贵金属元素中以银的灵敏度为最高，也是目前测定银的主要手段，广泛应用于岩石、矿物、矿渣、废水、化探样品等物料中银的测定。银在火焰中全部离解，自由银原子的浓度仅受喷雾效率的影响。火焰法测定水溶液中银的灵敏度以1%吸收计，一般为$0.05 \sim 0.1\mu g/mL$。无论是用空气–丙烷或是空气-乙炔火焰，溶液中共存的各种离子对银的火焰法测定几乎都不产生干扰。此类方法有两种常用的测定介质：氨性介质和酸性介质，酸性介质一般含较高浓度的盐酸，方法最简单，试液中大量铅的影响采用加入乙酸铵、氯化铵或在EDTA及硫代硫酸钠共存下消除。

银的原子吸收分为火焰法和无火焰法两种。

为了发挥原子吸收光谱法的优势，广大分析工作者做了大量工作，如采用预富集浓缩、石英缝管技术、原子捕集技术等，进一步提高了方法的灵敏度，满足不同含量银的测定要求，使之成为测定银的行之有效的方法。原子吸收光谱法按其测定方式，分为直接测定法和预富集分离法。预富集分离又分为溶剂萃取、萃取色谱、离子交换等。原子吸收光谱法采用空气–乙炔火焰，以银空心阴极灯为辐射光源。用328.1nm为吸收线，溶液中共存的各种离子均不干扰测定，但如果称样量较大，稀释体积较小时，其背景值较大，此时须用氘灯扣除背景吸收，也可用非吸收线332.3nm进行背景校正。本法适用于矿石中$20 \sim 1000g/t$银的测定。

（四）原子发射光谱法——平面光栅摄谱仪

银属于易挥发元素，在炭电弧游离元素的挥发顺序中它位于前半部，在铁、锰之间，铅的后面。用电弧光源蒸发铅的试金熔珠时，银要在大部分铅蒸发之后才进入弧焰。在银和金同时存在的矿石中，银总是比金和其他铂族元素蒸发得更快。银的电弧光谱线并不多，灵敏线仅有328.068nm和338.289nm两条。其中328.068nm更灵敏些，测定灵敏度通常可达1×10^{-6}。其余的次灵敏线，如224.641nm、241.318nm、243.779nm、520.907nm、546.549nm等，测定灵敏度仅为$0.03\% \sim 0.1\%$。银缺乏中等灵敏度的谱线。采用上述两条灵敏线测定地质样品中的银是很方便的。它们的光谱干扰很少，对于Ag328.068nm需注意Mn 328.076nm和Zr 328.075nm的干扰。当矿样中的Cu、Zn含量高时，Cu 327.396nm、Cu 327.982nm以及Zn 328.233nm的扩散背景，也将对这根银线产生极不利的影响。

（五）原子发射光谱法——等离子体法

（1）ICP -AES 法。ICP - AES 具有良好的检出限和分析精密度，基体干扰小，线性动态范围宽，分析工作者可以用基准物质配制成一系列的标准，以及试样处理简便等优点，因此，它已广泛应用于地质、冶金、机械制造、环境保护、生物医学、食品等领域。ICP-AES 测银常用的谱线是 328.07nm。

用 ICP -AES 测银，主要解决基体干扰问题，对于含量较高的试样，经稀释后可不经分离富集而直接测定，对于含微量银的试样，必须经过分离富集，常用手段仍然是火试金、活性炭吸附富集分离、泡沫塑料富集分离等，如果分离方法合适，尚可实现贵金属多元素的同时测定。

（2）ICP-MS 法。ICP-MS 具有许多独特的优点，与 ICP-AES 相比，ICP-MS 的主要优点是：①检出限低；②谱线简单，谱线干扰少；③可进行同位素及同位素比值的测定。用 ICP -MS 测定银，基体干扰仍是主要问题，除了经典的火试金法外，也可根据试样性质的不同采用相应的分离手段。

第四节　矿石中钯和铂的含量测定

一、矿石中钯含量的测定

（一）试剂配制

（1）石油醚 – 三氯甲烷混合溶液（3+1）：石油醚的沸程在 60～90℃或 90～120℃为佳。

（2）DDO 溶液（2g/L）：称取 0.2gDDO，溶于 100mL 丙酮中。

（3）氯化钠溶液（200g/L）：称取 20g 氯化钠，溶于 100mL 水中。

（4）乙酸丁酯。

（5）钯标准溶液：称取 0.1000g 光谱纯钯片于 500mL 烧杯中，加 20mL 王水，于砂浴上加热溶解，然后以少量盐酸吹洗杯壁，加入 5 滴氯化钠溶液（200g/L），并移到水浴上蒸干，加 2mL 盐酸（1+1），蒸发到干，反复处理三次，取下用盐酸溶液（8mol/L）溶解，移入 1L 容量瓶中，并用盐酸溶液

（8mol/L）定容，此贮备液含钯 100μg/mL。吸取 10mL 贮备液于 500mL 容量瓶中，以并用盐酸溶液（8mol/L）定容，此贮备液含钯 2μg/mL。

（二）分析步骤

称取 10～30g 试样于瓷舟中，在 550～650℃的高温炉中焙烧 1～2h，中间搅拌 2～3 次，冷后移入 250mL 烧杯中，加入 50mL 王水（1+1），摇匀，盖上表面皿，在电热板上加热分解 15～20min，取下表面皿，低温蒸至黏稠状，加 HCl 重复蒸发两次（每次 5mL），加水 60mL 稀释，过滤。用水洗净烧杯及沉淀，在滤液中加 0.3g 活性炭（可滴加少量金标准溶液）搅拌均匀，放置过夜。用定性滤纸过滤并擦净烧杯，再用水洗沉淀约 15 次。将活性炭连滤纸转移至瓷坩埚中，放入马弗炉低温升至 650℃灰化完全。

在含钯灰分的瓷坩埚中加王水 5mL，水浴加热溶解，加 3 滴氯化钠溶液（200g/L），继续水浴蒸干，加盐酸 2～3 次赶硝酸。残渣用 15mL 盐酸溶液（8mol/L）溶解后，并将此溶液移入 25mL 比色管中（至 20mL）。

加乙酸丁酯 4mL 萃取 1min，分层后弃去有机相。在水相中加入 1mL DDO 溶液（2g/L），摇匀，放入 60～70℃的水浴中保温 10min，然后冷却（或在 25℃的室温中放置 1h），加入 5mL 石油醚－三氯甲烷混合溶剂，振摇 1min，分层后，吸取有机相，用 1cm 吸收池，在波长 450nm 处以试剂空白作参比，测定其吸光度。

钯工作曲线的绘制：分别吸取含钯 0、2.00、4.00、8.00、12.00、20.00μg 的钯标准溶液于 25mL 比色管中，用盐酸溶液（8mol/L）稀释至 20mL，以下操作同试样分析步骤。

（三）方法原理

试样先经灼烧使某些不溶于王水的钯矿物转变为能在王水中溶解的单体金属，然后用王水分解，以 HCl 驱除大部分 HNO_3 后，加水稀释，滤去残渣。滤液用水稀释使溶液中含酸量每 100mL 不超过 5mL，分数次加入活性炭以使钯吸附完全。滤出活性炭灰化后，溶于王水。先用乙酸丁酯萃取 Au 及 Fe 等杂质。然后在水相中使 Pd 与 DDO 反应。$Pd^{(II)}$ 与双十二烷基二硫代乙二酰胺（DDO）生成黄色配合物，用石油醚－三氯甲烷混合液萃取测定钯。

（四）干扰情况

在本法的显色条件下，80μgAu$^{(Ⅲ)}$、40μgRh$^{(Ⅱ)}$、20μgIr$^{(Ⅳ)}$、20mgAg$^{(Ⅰ)}$、100μgSe$^{(Ⅳ)}$、40μgTe$^{(Ⅳ)}$、20mgFe$^{(Ⅲ)}$、20mgCu$^{(Ⅱ)}$、50mgNi$^{(Ⅱ)}$、50mgPb$^{(Ⅱ)}$对钯的测定不干扰。硝酸根的存在对钯测定有严重干扰，导致结果偏低。高氯酸根的存在对测定无影响。

所取试样中钯含量小于5μg时，采用目视比色本法可测低至0.01g/t的试样。

（五）配制贵金属标准溶液的注意事项

在贵金属分析化学中，通常使用贵金属的氯化物或氯离子配合物与各种试剂发生反应，因为贵金属氯化物和氯配合物的制备方法容易、稳定性好，而且具有确定的价态和形态。其他盐类，如硝酸盐、硫酸盐、过氯酸盐等不够稳定，有的组成复杂，或与试剂反应难于进行。因此贵金属的标准溶液（除银一般是以 $AgNO_3$ 形式配制外）大都是以氯配合物的形式制备。

采用纯度在99.95%以上的金属片或粉末以王水或（盐酸＋氧化剂）溶解时，溶解之后应除去氧化剂，如用盐酸除硝酸和氮的氧化物时，应在沸水浴上小心蒸发，并加入氯化钠或氯化钾作保护剂；以盐酸溶液稀释定容时，应控制盐酸浓度，以便保证较高的氯离子浓度，避免价态的变化和发生水解，以保证标准溶液能够长期储存。

贵金属标准存储溶液应具有较高的金属离子浓度，以便在储存时不易发生浓度的变化。分析用标准工作溶液常常由存储溶液稀释制备，但在常温下保存时间一般不得超过2个月。

贵金属标准溶液的储存是一个重要的问题。影响贵金属标准溶液稳定性的主要因素有两个方面：贵金属配合物离子的稳定性和容器对贵金属离子的吸附。配合物离子稳定性依赖于酸度和氯离子浓度。对于铱、钌标准溶液的储存，还应考虑挥发损失的问题，在盐酸（1mol/L）介质中，钌溶液保存在石英玻璃或玻璃容器里可稳定4个月，4个月后会损失25%；铱溶液只能稳定2个月，2个月后会损失50%。银标准溶液应避光保存。容器对贵金属离子的吸附与容器的种类和溶液酸度有关，溶液的酸度越高，器壁吸附越少。

二、矿石中铂含量的测定

(一) 测定试剂

(1) 浓硫酸：用于与铂矿石混合加热反应，将铂氧化为溶于水的铂酸。

(2) 溴化铵溶液：用于与铂酸反应生成棕色的沉淀，通过滴定过程确定铂的含量。

(3) 盐酸：在某些方法中，用于与铂矿石混合，以便后续的分析。

(4) 指示剂：如罗丹明 B 类显色剂，用于在滴定过程中观察颜色变化。

(二) 测定步骤

(1) 样品准备：将铂矿石细碎至适当的粒度，确保样品具有代表性。

(2) 氧化反应：将碎矿与浓硫酸混合，加热反应，使铂氧化为铂酸。

(3) 沉淀生成：将溴化铵溶液滴加到铂酸溶液中，生成棕色的沉淀。

(4) 滴定分析：通过连续滴定，观察溶液颜色变化，当颜色稳定时停止滴定，记录消耗的滴定剂体积。

(5) 结果计算：根据消耗的滴定剂体积和已知的浓度，计算铂的含量。

(三) 方法原理

本测定方法基于氧化还原反应和沉淀反应的原理。在氧化反应中，浓硫酸与铂矿石中的铂发生反应，将铂氧化为溶于水的铂酸。然后，通过加入溴化铵溶液，铂酸与溴化铵反应生成棕色的沉淀。通过滴定分析，可以确定消耗的滴定剂体积，进而计算出铂的含量。在滴定过程中，可以使用罗丹明 B 类显色剂作为指示剂，该显色剂与铂离子发生络合反应，使溶液颜色发生变化。当溶液颜色稳定时，表示滴定终点已到，此时可以停止滴定并记录消耗的滴定剂体积。在测定过程中应控制反应条件和操作规范，对于不同性质的矿石和不同的测定要求，采用不同的试剂和方法进行测定。

参考文献

[1] 李新民 . 新形势下地质矿产勘查及找矿技术研究 [M]. 北京：中国原子能出版社，2020.

[2] 李超，周锃杭，曹立扬 . 地质勘查与探矿工程 [M]. 长春：吉林科学技术出版社，2020.

[3] 鲍玉学 . 矿产地质与勘查技术 [M]. 长春：吉林科学技术出版社，2019.

[4] 张立明 . 固体矿产勘查实用技术手册 [M]. 合肥：中国科学技术大学出版社，2020.

[5] 池顺都 . 金属矿产系统勘查学 [M]. 武汉：中国地质大学出版社，2019.

[6] 赵鹏大 . 矿产勘查理论与方法 [M]. 武汉：中国地质大学出版社，2023.

[7] 赵鹏大 . 矿产勘查理论与方法 [M]. 武汉：中国地质大学出版社，2023.

[8] 刘益康 . 探路密钥：矿产勘查随笔 [M]. 北京：地质出版社，2022.

[9] 韩春建 . 济源市矿产资源集中开采区矿山地质环境调查研究 [M]. 郑州：黄河水利出版社，2021.

[10] 梁刚 . 矿山水文地质环境影响评价与保护管理 [M]. 北京：经济管理出版社，2019.

[11] 郭斌，高丽萍，马飞敏 . 矿产地质勘探与地理环境勘测 [M]. 北京：中国商业出版社，2021.

[12] 姚金，薛季玮 . 含镁矿物浮选体系中矿物交互影响理论与应用 [M]. 北京：冶金工业出版社，2021.

[13] 王恩德 . 金属矿床工艺矿物学 [M]. 北京：冶金工业出版社，2021.

[14] 张冬梅，王长基，钟起志 . 岩石矿物分析 [M]. 北京：化学工业出版社，2022.

[15] 肖仪武，方明山，田明君 . 矿物显微图像自动分析与应用 [M]. 北京：冶金工业出版社，2023.

[16] 杨华明，欧阳静 . 非金属矿物加工设计与分析 [M]. 北京：化学工业出版社，2020.

[17] 叶真华，叶为民 . 矿物和岩石的光学显微镜鉴定 [M]. 上海：同济大学出版社，2020.

[18] 曹醒春 . 北京自然观察手册矿物和岩石 [M]. 北京：北京出版社，2021.

[19] （西）Sol90 公司 . 岩石与矿物 [M]. 南京：江苏凤凰科学技术出版社，2023.

[20] 徐莉，梁业恒，付宇 . 结晶学与矿物学实验 [M]. 广州：中山大学出版社，2019.

[21] 明艳芳，陈影 . 高光谱特征参数协同的矿物类型遥感识别方法 [M]. 徐州：中国矿业大学出版社，2020.

[22] 谭荣欣 . 多金属氧酸盐修饰的贵金属纳米材料的制备及性质研究 [M]. 北京：冶金工业出版社，2019.

[23] 孙文军 . 现代贵金属分析技术及应用 [M]. 天津：天津科学技术出版社，2019.